中等职业教育国家规划教材

机械常识与钳工技能
（第2版）

王炳荣　汪永成　主编

电子工业出版社

Publishing House of Electronics Industry

北京·BEIJING

内 容 简 介

本书是根据教育部颁布的中等职业学校电子电器类《机械常识与钳工技能教学大纲》，按最新国家标准，并结合近几年教改实践经验编写而成，为中等职业教育国家规划教材。

全书包括"机械常识"和"钳工技能"两部分内容。"机械常识"是专业基础课程，主要讲述机械制图的基本知识，常用工程材料，常用机械传动。"钳工技能"是专业技能课程，主要讲述钳工常用量具的使用和维护保养，钳工操作——划线、錾削、锯削、锉削、钻孔与锪孔、攻螺纹与套螺纹、矫正与弯曲、螺纹连接与铆接、钣金制作等相关工艺知识和技能。

本书根据中等职业学校培养目标，结合专业特点，理论联系实际，注重创新精神和实践能力的培养，可作为系统教材，又可有针对性地选学部分内容，实施分段教学，还可作为初、中级技术工人岗位培训教材及自学用书。

未经许可，不得以任何方式复制或抄袭本书之部分或全部内容。

版权所有，侵权必究。

图书在版编目（CIP）数据

机械常识与钳工技能/王炳荣，汪永成主编. —2 版. —北京：电子工业出版社，2016.10
ISBN 978-7-121-29761-8

I. ①机… II. ①王… ②汪… III. ①机械学－职业教育－教材②钳工－职业教育－教材
IV. ①TH11②TG9

中国版本图书馆 CIP 数据核字（2016）第 201032 号

策划编辑：杨宏利
责任编辑：郝黎明
印　　刷：天津千鹤文化传播有限公司
装　　订：天津千鹤文化传播有限公司
出版发行：电子工业出版社
　　　　　北京市海淀区万寿路 173 信箱　邮编　100036
开　　本：787×1 092　1/16　印张：14　字数：358.4 千字
版　　次：2002 年 6 月第 1 版
　　　　　2016 年 10 月第 2 版
印　　次：2024 年 8 月第 15 次印刷
定　　价：29.00 元

凡所购买电子工业出版社图书有缺损问题，请向购买书店调换。若书店售缺，请与本社发行部联系，联系及邮购电话：（010）88254888，88258888。

质量投诉请发邮件至 zlts@phei.com.cn，盗版侵权举报请发邮件至 dbqq@phei.com.cn。

本书咨询联系方式：（010）88254592，bain@phei.com.cn。

前　　言

　　随着国家教育体制改革的不断深入，中等职业教育具有了新的内涵。中等职业教育的培　养目标是德、智、体、美全面发展，培养具有综合职业能力，在生产、服务、技术和管理第一线工作的高素质劳动者和中初级专门人才。本教材是根据国家新确定的中等职业教育培养目标，以教育部颁布的中等职业学校电子电器类《机械常识与钳工技能教学大纲》为依据，遵循中等职业教育"实际、实用、实效"的原则，为突出职业教育的特色，强化"能力为本，三创一实"的精神，结合近年来教学改革实践经验，并参考有关方面的意见，按最新颁布的《技术制图》与《机械制图》等国家标准编写而成，可供中等职业学校电子电器类、机械类各专业使用。

　　本书编写具有以下几个特点：

　　一、图文并茂。本书使用了大量的图表，力求清晰、醒目，便于阅读，内容贴近生产实际，使学生容易接受所讲述的知识。

　　二、操作性强。本书提供了大量的操作实例，步骤清晰，便于读者实践。在每一章后配有思考题与技能训练题，供读者复习和自我检查。

　　三、深化改革。重视职教特点，深化课程改革，采用新的课程体系和编排次序，突出重点，讲求实用，理论联系实际，符合中职学生的认知规律，方便教与学。

　　本教材体系完整，取材适当，插图醒目，较好地体现了它的科学性、先进性、系统性和效用性，体现了中等职业教育的特色，能够满足生产第一线对高素质劳动者和中、初级专门人才的培养需求，符合我国中等职业教育的现状和今后发展需要。

　　全书包括"机械常识"和"钳工技能"两部分内容，各部分自成一体，可作为系统教材，又可有针对性地选学部分内容，实施分段教学。由于电子电器专业涉及面较广，教材把教学内容分为必学的基础模块和选学的拓宽加深模块，可根据不同的需要取舍，或供学生自学，以便因材施教。

　　本书根据教学计划的要求，所需总课时为 75 学时，其中必修 58 学时，选修 17 学时。

　　本书由王炳荣、汪永成主编。参加本书编写工作的有李蒙恩、王辉、郑渭寅，全书由王炳荣统稿。

　　由于编者的水平有限，错误之处在所难免，恳请广大读者批评指正并提出改进意见。

编　者

2016 年 8 月

第1章

机械制图

在制造各种机电设备、仪器仪表及建筑物时，都需要按一定的方法和规则画出图形，来表达物体的形状、结构和大小，这种图形称为工程图样，简称图样。

不同生产部门对图样的要求不同，绘画方法和规则也不同，图样名称也不同。例如，建筑工程使用的图样称为建筑图样；水利工程使用的图样称为水利工程图样；机械制造业使用的图样称为机械图样，此外，还有电子工业部门使用的电子线路图样等。机械制图就是研究机械图样的图示原理、识图及绘图方法的一门学科。

图样是工程技术语言，设计者要通过图样来表达设计意图和设计对象，以便于制造者根据图样来制造加工产品；使用者要根据图样来了解产品的结构和使用性能；而维修者则要通过图样来进行维修。因此，电子电器专业人员应掌握一定的机械制图知识，以便于分析和排除故障，进行维修等。

1.1 机械图样的概念

机械制造业中所使用的图样主要有轴测图（图 1-1）和视图（图 1-2）两大类。

1.1.1 轴测图

轴测图只用一个图形就能同时反映出物体 3 个坐标面的形状，并接近于人们的视觉习惯，形象、逼真，富有立体感。图 1-1 所示的是支座的正等轴测图，轴测图一般不能反映出物体各表面的真实形状。例如，支座上的圆孔，在图上画成了椭圆孔；矩形在图上画成了平行四边形；支座底板下面的方槽不能反映出前后是否贯通。因此，在工程上常把轴测图作为辅助图样来说明机器的结构、安装、使用等情况。在设计中，可以用轴测图帮助构思、想象物体的形状。

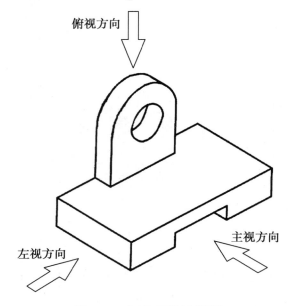

图 1-1　支座正等轴测图

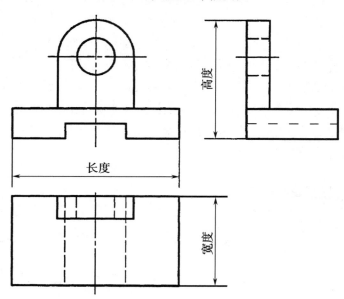

图 1-2　支座 3 个方向的视图

1.1.2　视图

生产中要求图样能准确地表达出物体的形状和大小，因此常用视图来表达，即对着物体的几个方向进行观察，然后分别画出几个平面图形来表达物体，每一个图形都称为视图，如图 1-2 所示的是图 1-1 所示支座在 3 个方向的视图。若将画出的三个视图结合起来就能完整而真实地反映出物体的形状和大小。例如，把图 1-2 中上面两个视图结合起来就能看出支座竖板的形状，上半部分是半圆柱体，下半部分是长方体，半圆柱体的中间有一个圆柱形通孔。底板的形状是一个长方体，并在其中间的底部切有一个长方形通槽。再把其中任意两个视图结合起来就能准确地反映出支座在各个方向（长、宽、高）的形状和大小。

从图 1-1 和图 1-2 中可以看出：

（1）轴测图只用 1 个图形来表达支座的形状；而视图则采用了 3 个图形来表达支座的形状。

（2）轴测图只能反映支座的大致形状，存在变形和反映不完全的问题；而将支座的几个视图结合起来就能准确反映其真实形状。

（3）轴测图具有很强的直观性；而视图是平面图形，不具有直观性，单个视图不能反映物体的形状和大小，只有将几个视图结合起来才能反映物体的形状和大小。

1.2 机械制图的基本规定

机械图样是机械设计和制造的重要技术资料，也是开展技术交流的重要工程语言。在有关国家标准中对一些绘图规则，如机械图样的内容、画法、格式、文字、尺寸标注等都做了明确的规定。这里主要对图纸幅面及格式、比例、字体、图线及尺寸标注等规定做简要介绍。

1.2.1 图纸幅面及格式

1．图纸幅面

为了便于图样的绘制、使用和保管，机件的图样均画在规定幅面尺寸的图纸上。GB/T 14689—1993 规定，在绘制图样时，图纸幅面优先采用表 1-1 中规定的幅面尺寸。

表 1-1 图纸幅面

幅面代号	A0	A1	A2	A3	A4
$B \times L$	841×1189	594×841	420×594	297×420	210×297
a	25				
c	10			5	
e	20		10		

由表 1-1 中可知，图纸幅面的大小有 5 种，其代号为 A0、A1、A2、A3、A4。其中，A0 幅面的图纸最大，幅面尺寸为 841×1189，A1 幅面为 A0 幅面的一半，依次类推。a、c、e 的数值就是图框与图纸边界之间的距离。

2．图纸格式

在图纸上必须用粗实线画出图框，其格式有留有装订边和不留装订边两种，但同一产品的图样只能采用一种格式。

（1）留有装订边的图纸，其图框格式如图1-3和图1-4所示，尺寸规定如表1-1所示。

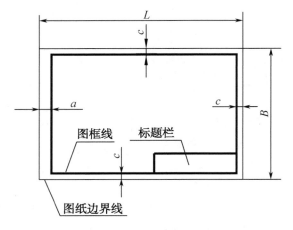

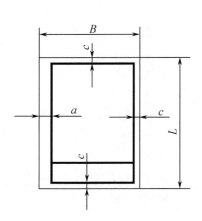

图1-3　留有装订边的图纸（横式）　　　　图1-4　留有装订边的图纸（竖式）

（2）不留装订边的图纸，其图框格式如图1-5和图1-6所示，尺寸规定如表1-1所示。

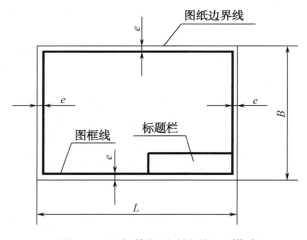

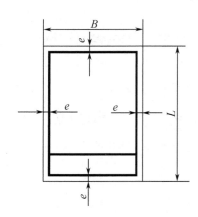

图1-5　不留装订边的图纸（横式）　　　　图1-6　不留装订边的图纸（竖式）

3．标题栏

每张图纸上都必须画出标题栏，标题栏的位置在图纸的右下角。国家标准（GB/T 10609.1—1989）对标题栏作出明确规定，其格式如图1-7所示。但在学校制图作业中，通常采用如图1-8所示的简易标题栏。

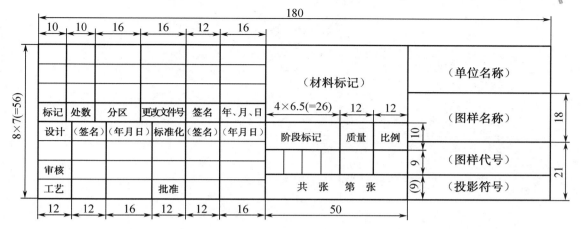

图 1-7　标题栏格式

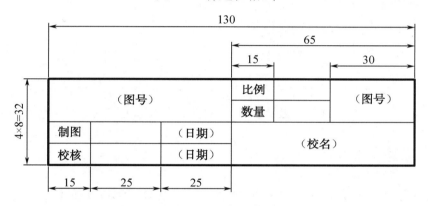

图 1-8　学校用简易标题栏

1.2.2　比例

1. 比例的定义及分类

比例是指图样中图形与其实物相应要素的线性尺寸之比。比例分为以下三种。

（1）原值比例：比值为1的比例，如1:1;

（2）放大比例：比值大于1的比例，如2:1等;

（3）缩小比例：比值小于1的比例，如1:2等。

每张图样都要标出所画图形采用的比例。为了读图时能从图中得到机件大小的真实印象，应尽可能采用1:1的比例画图。当需要把机件放大或缩小绘图时，应采用如表 1-2 所示中的比例。

表 1-2　比例

种　类	比　例		
原值比例	1∶1		
放大比例	5∶1	2∶1	
	$5 \times 10^n∶1$	$2 \times 10^n∶1$	$1 \times 10^n∶1$
缩小比例	1∶2	1∶5	1∶10
	$1∶2 \times 10^n$	$1∶5 \times 10^n$	$1∶1 \times 10^n$

注：n 为正整数

2．比例的标注方法

（1）比例符号应以"∶"表示，表示方法如 1∶1、1∶5、2∶1 等。

（2）比例应填写在标题栏的比例一栏中。

（3）绘制同一机件的各个视图，应采用相同的比例。当某个视图需要采用不同的比例时，必须另行标注。

（4）图形无论放大或缩小，尺寸都按机件的实际尺寸标注，图形角度仍按照原角度画出，因为平行、垂直（直角）及角度等几何关系是不随图样的比例而变化的。

1.2.3　字体

图样除了绘制机件的图形以外，还要用文字来填写标题栏、技术要求，用数字来标注尺寸等。所以，文字、数字和字母也是图样的重要组成部分。在图样上添加文字、数字及字母时，应遵循国家标准（GB/T 14691—1993）的规定。

1．一般规定

（1）图样中添加的字体必须工整、笔画清楚、间隔均匀、排列整齐。汉字应写成长仿宋体，并采用国家正式公布的简化字。

（2）字体的号数分别为 1.8、2.5、3.5、7.5、10、14、20 七种。号数即字体的高度（单位为 mm），汉字的高度不应小于 3.5mm。

（3）字母和数字可写成斜体或正体，斜体字字头向右倾斜，与水平基准线成 75°。用做指数、分数、极限偏差、注脚等的数字及字母，一般应采用小一号的字体。

2．字体示例

（1）长仿宋体汉字示例。

10号字　字体工整笔画清楚间隔均匀

7号字 **横平竖直注意起落结构均匀填满方格**

5号字 技术制图机械电子汽车航空船舶土木建筑矿山井坑港口

3.5号字 螺纹齿轮端子接线飞行指导驾驶舱位挖填施二引水通风闸阀坝棉麻化纤

（2）数字和字母示例。

1.2.4 图线

1. 基本线型

在绘制机械图样时，应遵循国家标准（GB/T4457.4—2002）的规定，机械图样中常用线型的名称、图线宽度及应用如表1-3所示。

表1-3 机械图样常用线型及应用

图线名称	代码	线型	线宽	一般应用
粗实线	01.2		d	可见轮廓线、相贯线、螺纹牙顶线
细实线	01.1		$d/2$	尺寸线、尺寸界线、指引线、基准线、剖面线、过渡线
细虚线	02.1	4~6 1	$d/2$	不可见轮廓线
细点画线	04.1	15~30 3	$d/2$	轴线、对称中心线、分度圆（线）

续表

图线名称	代码	线 型	线宽	一般应用
细双点画线	05.1	⊢～20⊣5⊢	$d/2$	相邻辅助零件的轮廓线、可动零件的极限位置的轮廓线
双折线	01.1	〰〰	$d/2$	断裂处边界线、视图与剖视图的分界线
波浪线	01.1	〜〜	$d/2$	断裂处边界线、视图与剖视图的分界线

所有线型的图线宽度应按图样的类型和尺寸在 0.18mm、0.25mm、0.35mm、0.5mm、0.7mm、1mm、1.4mm、2mm 数系中选择。在机械图样上采用粗、细两种线宽。粗实线宽度一般取为 0.7mm 或 1mm，细实线的宽度为粗实线的一半。图 1-9 所示的是各类图线在机械图样中的应用示例。

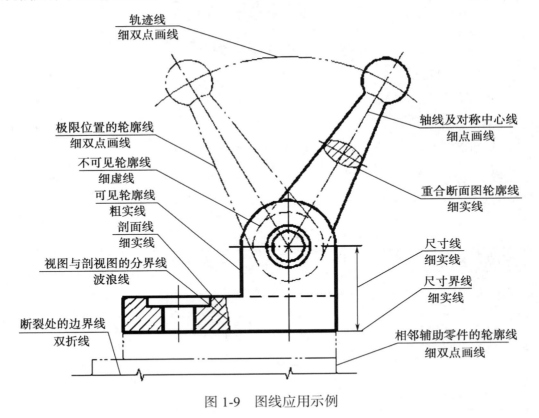

图 1-9　图线应用示例

2. 图线画法要点

（1）同一图样中同类图线的宽度应一致。

（2）虚线、细点画线及细双点画线的线段长度和间距应各自相等。

（3）细点画线、细双点画线的首末两端应是线段，而不是短画线。细点画线、细双点画线中的点不是点，而是一个约 1mm 的短画线。

（4）绘制圆的中心线，圆心应为线段的交点。

（5）在较小的图形上绘制细点画线或细双点画线有困难时，可用细实线代替。

（6）虚线与虚线相交、虚线与细点画线相交，应以线段相交；虚线、细点画线如果是粗实线的延长线，应留有空隙；虚线与粗实线相交，不留空隙。

（7）图线的颜色深浅程度要一致。

图 1-10 所示的是图线画法要点图例。

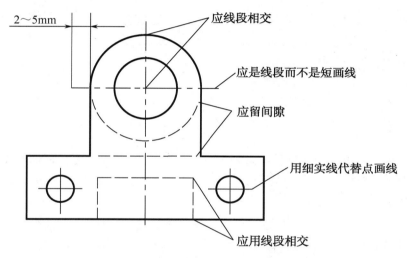

图 1-10　图线画法要点图例

1.2.5　尺寸注法

图形只能表示物体的形状，而其大小则要由尺寸表示，因此，尺寸标注十分重要。标注尺寸时，应严格遵循国家标准有关尺寸标注的规定，做到正确、齐全、清晰、合理。

1．标注尺寸的基本规则

（1）机件的真实大小应以图样上所标注的尺寸数值为依据，与图形的大小及绘图的准确度无关。

（2）图样中的尺寸以 mm 为单位时，不必标注计量单位的符号或名称，如果用其他单位时，则必须注明相应的单位符号。

（3）图样中所标注的尺寸为该图样所示机件的最后完工尺寸，否则应另加说明。

（4）机件的每一尺寸一般只标注一次，并应标注在表示该结构最清晰的图形上。

2．标注尺寸的要素

完整的尺寸应包括尺寸界线、尺寸线和尺寸数字三个基本要素，如图1-11所示。

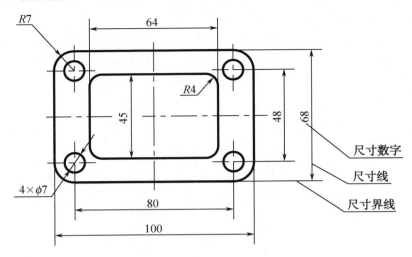

图1-11　标注尺寸的三要素

（1）尺寸界线。尺寸界线用细实线绘制，并由图形的轮廓线、轴线或对称中心线引出，也可利用轮廓线、轴线或对称中心线作为尺寸界线。尺寸界线一般应与尺寸线垂直，并超出尺寸线的终端2～3mm。

（2）尺寸线。尺寸线用细实线绘制，不能用其他图线代替，一般也不能与其他图线重合或画在其延长线上。标注线性尺寸时，尺寸线必须与所标注的线段平行；当有几条互相平行的尺寸线时，大尺寸要标注在小尺寸外面。在圆或圆弧上标注直径或半径时，尺寸线或其延长线一般应通过圆心。尺寸线的终端有两种形式，如图1-12所示。在机械图样中采用箭头这种终端形式。

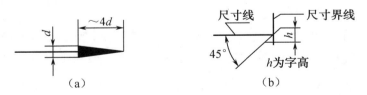

（a）　　　　　　　　　　　（b）

图1-12　尺寸线终端的画法

（3）尺寸数字。线性尺寸的数字一般应注写在尺寸线上方或左方，也可以注写在尺寸线的中断处。在同一图样上，数字的注法应一致。

3．常见的尺寸标注法

线性尺寸、角度尺寸、圆、圆弧、小尺寸等常见尺寸的注法如表1-4所示。

表1-4 常用尺寸注法示例

标注内容	图 例	说 明
线性尺寸的数字方向		水平尺寸数字头朝上，垂直尺寸数字头朝左，并尽量避免在图示 30° 范围内标注尺寸，当无法避免时，可按中图所示形式标注。为了便于从水平方向看图，对于非水平方向的尺寸，可以按右图形式标注
角度		角度的数字一律写成水平方向。一般注写在尺寸线的中断处，必要时可写在上方或外面，也可引出标注
圆和圆弧		直径、半径的尺寸数字前应分别加符号"ϕ"、"R"。尺寸线应按图例形式绘制
大圆弧		无法标出圆心位置时，可按图例形式标注
小尺寸和小圆弧		在没有足够的位置画箭头或写数字时，可按图例形式标注

11

续表

标注内容	图　　例	说　　明
球面	*Sφ30*　*SR30*　*R10*	应在"ϕ"或"R"前加注符号"S"。对于螺钉、铆钉的头部、轴端部及手柄的端部等，在不引起误解的情况下，可省略符号"S"

1.3　几何作图

图样上的各种图形一般是由直线、圆弧和其他一些非圆曲线所组成的。作图时，需要利用绘图工具，按图形的几何关系顺序绘制。因此，必须学会运用绘图工具进行几何作图，以便正确迅速地绘制出合格的图样。

1.3.1　绘图工具及其使用

常用的绘图工具有图板、丁字尺、三角板、绘图仪器、铅笔及专用工具等。

1．图板、丁字尺、三角板

（1）图板：用作绘图的垫板。要求其表面平整光洁，左边作为导边必须平直。

（2）丁字尺：用于绘制水平线。使用时将尺头内侧紧靠图板左侧导边上下移动，自左向右画水平线，如图 1-13 所示。

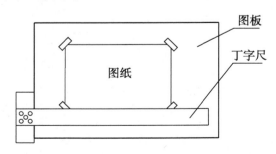

图 1-13　用图板与丁字尺作图

（3）三角板：一副三角板由直角三角板和等腰三角板各一块组成。三角板与丁字尺配合使用，可画垂直线及与水平线成 30°、45°、60° 的倾斜线及 15° 倍数角的各种倾斜线，如图 1-14 所示。

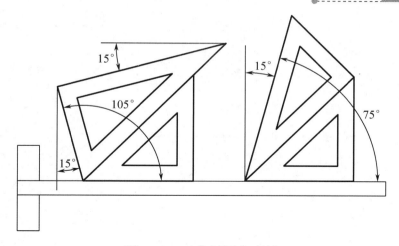

图 1-14　三角板画角度线

2．圆规与分规

圆规主要用来画圆和圆弧。圆规的一个支脚装有带台阶的小钢针，用来定圆心；另一个支脚上可安装铅芯，用来画圆和圆弧，或者安装钢针代替分规。

分规主要用来量取线段和等分线段。

3．铅笔

铅笔铅芯的硬度用 B、H 表示，B 前数字越大表示铅芯越软，H 前数字越大表示铅心越硬。绘图时，一般采用 H、2H 画细实线、虚线、细点画线，用 HB 写字、标注尺寸，用 HB、B、2B 加深粗实线。铅笔应从没有标号的一端开始削磨使用，以便保留铅芯的硬度符号。铅笔应根据需要削磨成不同的形状，如图 1-15 所示。

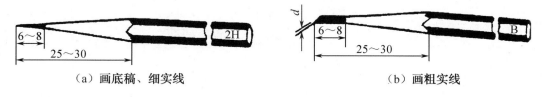

（a）画底稿、细实线　　　　　　　　　　　（b）画粗实线

图 1-15　铅笔的削磨

1.3.2　常用等分方法

1．线段的等分

（1）试分法。对已知线段可凭目测用分规进行等分，如图 1-16（b）所示。

（2）比例法。已知线段 AB，求作任意等分（如五等分），其作图步骤如下：

① 过端点 A 作直线 AB，与已知直线段 AB 成任意锐角，如图 1-16（a）所示。

② 用分规在 *AC* 上以任意相等长度截得 1、2、3、4、5 各等分点；如图 1-16（b）所示。

③ 连接 5*B* 并过 4、3、2、1 各点作 5*B* 的平行线，在 *AB* 线上即得 4′、3′、2′、1′ 各等分点，如图 1-16（c）所示。

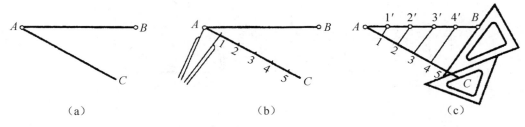

（a）　　　　　　　　　　（b）　　　　　　　　　　（c）

图 1-16　线段的等分方法

2．六等分圆周

（1）用圆的半径六等分圆周。当已知正六边形对角距离（即外接圆直径）时，可用此法画出正六边形，如图 1-17 所示。

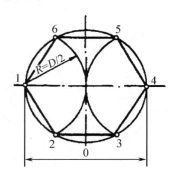

图 1-17　用半径六等分圆周

（2）用丁字尺和三角板配合，可以很方便地画出圆的内接或外切正六边形，如图 1-18 所示。

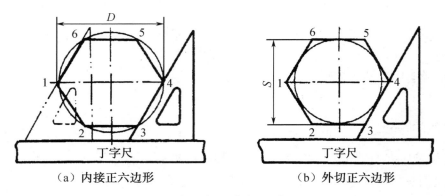

（a）内接正六边形　　　　　　　　　（b）外切正六边形

图 1-18　用丁字尺与三角板配合画正六边形

1.3.3 斜度和锥度的画法

1. 斜度

一直线对另一直线或一平面对另一平面的倾斜程度，称为斜度，在图样中以 $1:n$ 的形式标注。图 1-19（a）所示的是斜度 $1:6$ 的作法：由点 A 起在水平线段上取 6 个单位长度的点 D，过点 D 作 AD 的垂线 DE，取 DE 为一个单位长度，连接 AE，即得斜度为 $1:6$ 的直线。

斜度的标注方法如图 1-19（b）所示，斜度符号要与斜度方向一致。斜度符号的画法如图 1-19（c）所示（h 为字高）。

2. 锥度

正圆锥底圆直径与圆锥高度之比，称为锥度，在图样中一般以 $1:n$ 的形式标注。图 1-20（a）所示的是锥度 $1:3$ 的作法，由点 S 起在水平线上取 6 个单位长度的点 O；过点 O 作 SO 的垂线，分别向上和向下截取一个单位长度，得到 A、B 两点；分别过 A、B 与点 S 相连，即得 $1:3$ 的锥度。

锥度的标注方法如图 1-20（b）所示，锥度符号要与锥度方向一致。锥度符号的画法如图 1-20（c）所示（h 为字高）。

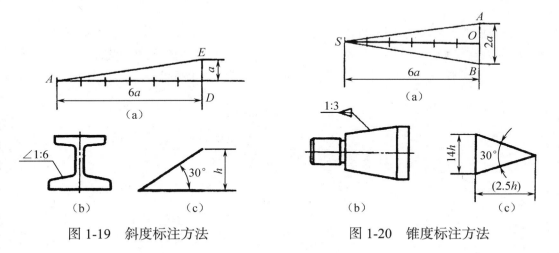

图 1-19　斜度标注方法　　　　　图 1-20　锥度标注方法

1.3.4 椭圆的近似画法

椭圆为常见的非圆曲线，在已知长短轴的条件下，通常采用四心法以四段相切圆弧画近似椭圆，如图 1-21 所示，其作图步骤如下。

① 作两条互相垂直的中心线，并分别量取长轴 AB、短轴 CD，连 AC，截 $CE=OA-OC$，

再作 AE 的垂直平分线，交 AB 于 O_3，交 CD 于 O_1。然后取相应的对称点 O_2、O_4，则 O_1、O_2、O_3、O_4 为四段圆弧的圆心，如图 1-21（b）所示。

② 连接 O_1O_3、O_2O_3、O_1O_4、O_2O_4，并作适当延长，如图 1-21（b）和图 1-21（c）所示。

③ 分别以 O_1、O_2、O_3、O_4 为圆心，以 O_1C、O_2D、O_3A、O_4B 为半径，依次作四段相连圆弧，如图 1-21（c）所示，即完成一近似椭圆。

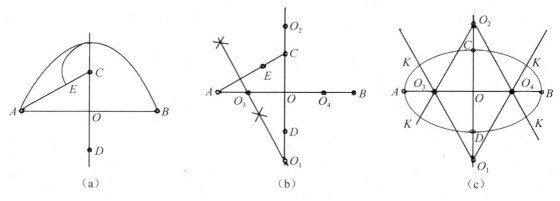

（a）　　　　　　　　　（b）　　　　　　　　　（c）

图 1-21　四心法画近似椭圆

1.3.5　圆弧连接的画法

用一段圆弧光滑地连接另外两条已知线段（直线或圆弧）的作图方法称为圆弧连接。要保证圆弧连接光滑，就必须使线段与线段在连接处相切，作图时应先求连接圆弧的圆心及确定连接圆弧与已知线段的切点。作图方法如表 1-5 所示。

表 1-5　圆弧连接

	已知条件	作图方法和步骤		
		求连接圆弧的圆心	求切点	画连接弧
连接两条已知直线	E … R … F … M —— N	R, E, F, M, R, N	E 切点A O F M 切点B N	E A O R F M B N
连接已知直线和圆弧	R_1 O_1 R M —— N	$R-R_1$ O_1 R M —— N	切点A O_1 O M 切点B N	A O_1 R O M B N

续表

	已知条件	作图方法和步骤		
		求连接圆弧的圆心	求切点	画连接弧
外连接两个已知圆弧				
内连接已知圆弧				
内外连接两个已知圆弧				

1.4 正投影与三视图

机械图样中表达机件形状的图形是采用正投影原理绘制的，因此掌握正投影的原理是进行识图和绘图的关键。

1.4.1 投影的概念

在日常生活中，经常看到物体受灯光或阳光的照射，在墙上或地面上产生影子的现象，这种现象称为投影现象。人们从物体和投影的对应关系中，总结出了应用投影原理在平面上表达物体形状的方法，即投影法。

投影法分为中心投影法和平行投影法两类。

1．中心投影法

投射线交会于一点的投影法称为中心投影法，如图 1-22 所示。用中心投影法得到的物体图形，不能反映物体的真实大小，但立体感强，常用于绘制美术图和建筑物的外形图，但不能用于绘制机械图样。

2．平行投影法

当投射中心与投影面的距离为无穷远时，所有投射线相互平行，这种投影方法称为平行投影法，如图 1-23 所示。平行投影法又分为正投影法和斜投影法两种。

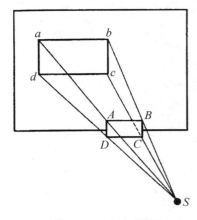

图 1-22　中心投影

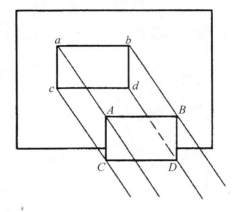

图 1-23　平行投影

（1）正投影法。投射线垂直于投影面的投影法，如图 1-24 所示。

（2）斜投影法。投射线倾斜于投影面的投影法，如图 1-25 所示。

由于用正投影法得到的投影能如实反映物体的形状和大小，具有较好的度量性，画图也较简单。因此，机械图样中的图形采用正投影法绘制，用正投影法绘制的图形称为视图。

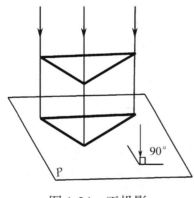

图 1-24　正投影

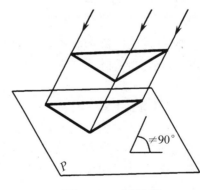

图 1-25　斜投影

1.4.2　三视图的形成及投影规律

物体是有长、宽、高三个尺度的立体，要认识它，就应该从上、下、左、右、前、后各个方向去观察它，才能对其有一个完整的了解。图 1-26 所示的是两个不同的物体，如果只用一个投影面上的投影是不能完全、准确地表达物体的全部形状和结构的。

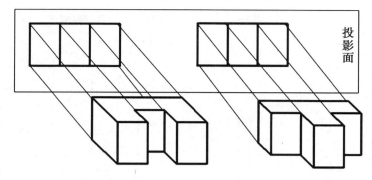

图 1-26　不同形状的物体可以得到相同的投影

1. 三视图的形成

（1）三面投影体系的建立。为了准确地表达物体的形状和大小，通常采用三面投影体系来表示它。由三个互相垂直的投影面组成的系统称为三面投影体系，如图 1-27 所示。三个投影面分别为正投影面，用 V 表示；水平投影面，用 H 表示；侧投影面，用 W 表示。

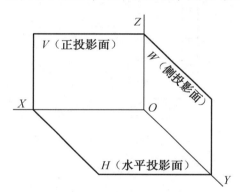

图 1-27　三投影面体系

投影面的交线称为投影轴：

V 面与 H 面的交线为 OX 轴，简称 X 轴；

H 面与 W 面的交线为 OY 轴，简称 Y 轴；

V 面与 W 面的交线为 OZ 轴，简称 Z 轴。

X、Y、Z 三轴的交点称为原点，用 O 表示。

（2）三视图的形成。把物体放在三投影面体系中，如图 1-28（a）所示，用正投影的方法，在三个投影面上画出物体的图形，称为三视图。在正面得到的视图称为主视图；在水平面上得到的视图称为俯视图；在侧面得到的视图称为左视图。

把三视图画在同一平面上，必须把三视图展开，即正面（V）保持不动，水平面（H）绕 OX 轴向下旋转 90°，侧平面（W）绕 OY 轴向右旋转 90°，使它们与正面展成一个平面，如图 1-28（b）、（c）所示。在画物体的三视图时，投影面和投影轴均可省略不画，如图 1-28（d）所示。

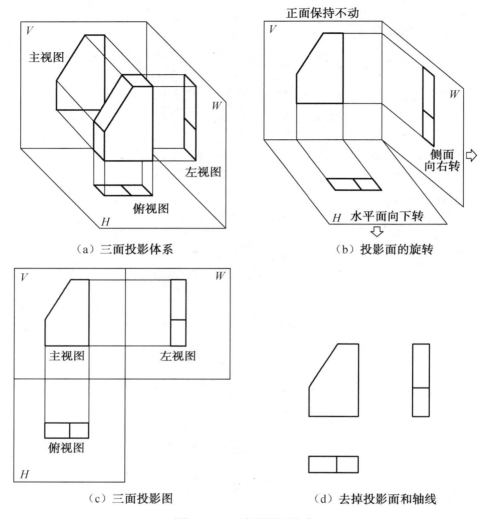

（a）三面投影体系   （b）投影面的旋转

（c）三面投影图   （d）去掉投影面和轴线

图 1-28 三视图的形成

2．三视图的投影规律

（1）位置关系

从图 1-28（c）中可以看出，物体的三个视图展开在同一平面上以后，三个视图具有明确的位置关系，主视图在上方，俯视图在主视图正下方，左视图在主视图正右方。

（2）投影关系

主视图————反映物体的长度和高度；

俯视图————反映物体的长度和宽度；

左视图————反映物体的高度和宽度。

由于三视图反映的是同一物体，即物体的长度由主视图与俯视图同时反映出来，高度由主视图和左视图同时反映出来，宽度由俯视图和左视图同时反映出来，由此可得出三视图的投影规律：主视图与俯视图长对正；主视图与左视图高平齐；俯视图与左视图宽相等。简称为"长对正、高平齐、宽相等"，也称"三等"关系，如图 1-29 所示。

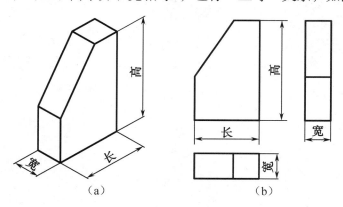

（a） （b）

图 1-29 三视图的"三等"关系

（3）方位关系

三视图不仅反映了物体的长、宽、高，同时也反映了物体的上、下、左、右、前、后 6 个方位的关系，如图 1-30 所示。

主视图反映了上、下、左、右方位。

左视图反映了上、下、前、后方位。

俯视图反映了左、右、前、后方位。

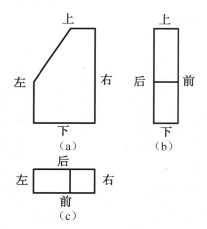

（a） （b）

（c）

图 1-30 三视图反映物体 6 个方位的关系

1.4.3 基本几何体的三视图及尺寸标注

任何复杂的组合体都是由简单的形体通过一定的组合方式组合而成。学习几何体的投影，首先要从最简单的基本几何体开始，如棱柱、棱锥、圆柱、球等，如图 1-31 所示。

基本几何体又分为平面体和曲面体两大类。

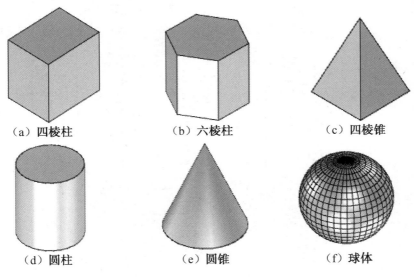

（a）四棱柱　　　　　（b）六棱柱　　　　　（c）四棱锥

（d）圆柱　　　　　（e）圆锥　　　　　（f）球体

图 1-31　基本几何体示例

1. 平面立体

表面都是由平面构成的基本几何体称为平面立体。平面立体有棱柱、棱锥等。

（1）棱柱

图 1-32 所示的是一个六棱柱，顶面和底面是互相平行的正六边形，6 个侧面都是相同的长方形，并与底面和顶面垂直。

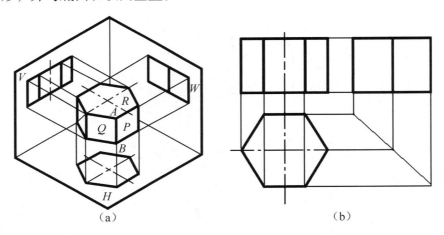

（a）　　　　　　　　　　　　　　　　（b）

图 1-32　正六棱柱的三视图

① 主视图：六棱柱的主视图由 3 个长方形框组成。中间的长方形框是前后两个面的投影；左右两个长方形框分别为六棱柱其余四个侧面的投影；顶面与底面垂直于正面，在主视图上的投影为两条平行的直线。

② 俯视图：六棱柱的俯视图为一个正六边形，反映顶面与底面的实形，6个侧面垂直于水平面，它们的投影都积聚在正六边形的六条边上。

③ 左视图：六棱柱的左视图由两个长方形框组成。这两个长方形框是六棱柱左边两个侧面的投影，且遮住了右边的两个侧面。

（2）棱锥

图 1-33 所示的是一个正三棱锥，底面为一个正三角形，三个侧面均为等腰三角形，棱线相交于一点，即锥顶 S。

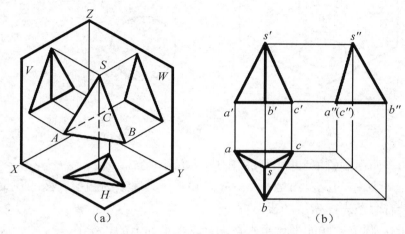

图 1-33　正三棱锥的三视图

① 主视图：三棱锥的主视图由两个三角形组成，分别为前面两个侧面的投影，并遮住了后面的投影。

② 俯视图：三棱锥的底面平行于水平面，它的俯视图反映实形，三个侧面倾斜于水平面，它们的俯视图为三个三角形线框，三个底边正好是等边三角形的三条边线。

③ 左视图：左视图是一个三角形的线框，是左边侧面的投影，底面与后侧面与侧面垂直，投影积聚成一条直线。

2．曲面立体

曲面立体是指表面由曲面和平面或者全部由曲面构成的基本几何体。曲面立体有圆柱、圆锥、球体等。

（1）圆柱

圆柱体表面由圆柱面和上、下平面（圆形）围成，如图 1-34 所示。

① 主视图：圆柱表面的投影为一个长方形，上、下底面的投影积聚在长方形的上、下两条边上。圆柱的左、右两条轮廓线投影在长方形的左、右两条边上，这两条边把圆柱分为前半部分（可见）和后半部分（不可见），两者投影重合。

② 俯视图：圆柱表面的投影和主视图相同。不同之处是圆柱前、后两条轮廓线把圆柱曲面分为左半部分和右半部分。

③ 左视图：因圆柱表面垂直于水平面，所以其投影积聚为一个圆，此圆又可以看作上、下两端面圆的真实投影，因为两端面圆平行于水平面。

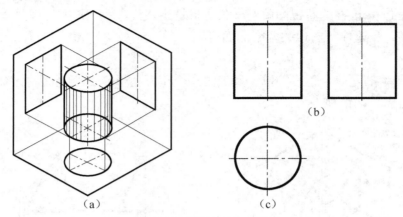

图 1-34　圆柱的三视图

（2）圆锥

圆锥体的表面由圆锥面和圆形底面围成，如图 1-35 所示。

① 主视图：圆锥的主视图是一个等腰三角形，其底边为圆形底面的积聚性投影，两腰是最左、最右两条表面素线的投影。

② 俯视图：圆锥的底面平行于水平面，故水平面上的投影是一个圆，这个圆也是圆锥面的水平面投影。

③ 左视图：圆锥的左视图与它的主视图相同，也是一个等腰三角形，但两腰所表示的是圆锥最前、最后两条素线的投影。

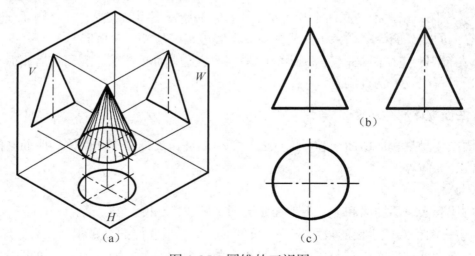

图 1-35　圆锥的三视图

3. 基本几何体的尺寸标注

任何物体都有长、宽、高三个方向的尺寸。在视图上标注尺寸时，应将三个方向的尺寸标注齐全，既不能少，也不能重复和多余。

表1-6列举了一些常见的基本几何体的三视图。

表1-6 基本几何体的三视图

平面立体		曲面立体	
立体图	三视图	立体图	三视图
四棱柱		圆柱	
六棱柱		圆锥	
四棱锥		圆锥台	
四棱台		球体	

1.4.4 简单组合体的三视图

由两个或两个以上的基本几何体组成的物体称为组合体。机器零件可以看作是由若干个基本几何体按人们的需要组合而成的。组合体的形状有简有繁，千差万别，但就其组合方式来说，有叠加、切割和综合三种基本组合方式。

1. 叠加式组合体

叠加式组合体由基本几何体以相互叠加的方式结合而成。按照表面接触的方式不同，又可分为相接、相切、相贯三种。

（1）相接：两平面以平面的方式相互接触称为相接，它们的分界线为直线或平面曲线。如图 1-36 所示的支座（1）可以看成是相接式的组合体。对于这种平面相接的组合体，看图和画图时要注意两形体结合平面是否平齐，当结合平面平齐时，两形体之间无交线，如图 1-37 所示的支座（2）。

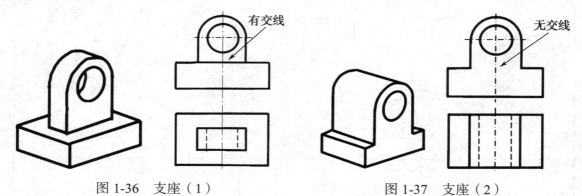

图 1-36　支座（1）　　　　　　　　图 1-37　支座（2）

（2）相切：相切就是基本几何体之间的平面与曲面或曲面与曲面连接时，结合处是相切的。由于相切处是光滑过渡的，因此二者之间没有分界线，如图 1-38 所示。

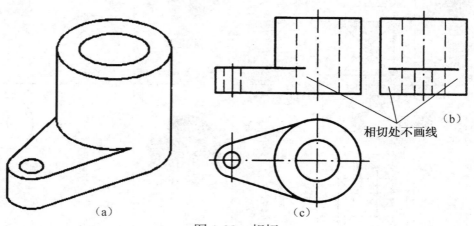

图 1-38　相切

（3）相贯：两形体的表面彼此相交称为相贯。在相交处的交线称为相贯线。由于形体不同，相交的位置不同，就会产生不同的交线。表 1-7 所示的是两圆柱正交时的相贯线画法。

表 1-7　两圆柱正交时的相贯线画法

类型	立体图	三视图
两不等径圆柱相贯		
两等径圆柱相贯		
圆柱与孔相贯		

2．切割式组合体

切割式组合体可以看成是基本几何体被切割、开槽、钻孔后形成的。图 1-39 所示的是切割式组合体及三视图。

（1）切割长方体。

① 形体分析。从图 1-39 中不难看出，组合体原是一个大的长方体，首先在前端被切去一个较大的长方体，并在平板下端开一槽，然后在后立板上部左、右倾斜切去两个三棱柱，最后在立板上钻通孔。

② 截交线。立体被平面截切后产生的表面交线称为截交线，如图 1-39（b）中的主视图所示。

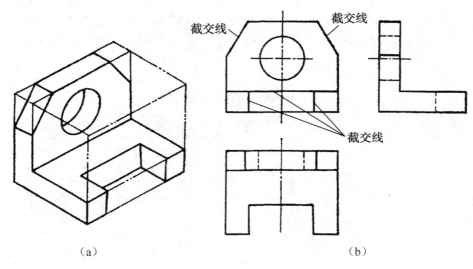

图 1-39　切割式组合体

（2）切割圆柱体。截平面截切圆柱，由其截切的位置不同可分为三种情况，如表 1-8 所示。

表 1-8　平面截切圆柱体的截交线

截平面的位置	平行于轴线	垂直于轴线	倾斜于轴线
截交线的形状	矩　形	圆	椭　圆
立体图			
三视图			

（3）切割圆球。截平面平行于基本投影面截切时，其截交线在三视图中的投影分别为直线和圆，此圆的直径与截平面的位置有关，截平面距球心越近，切口圆的直径就越大，反之则越小。截交线的位置如图 1-40 所示。

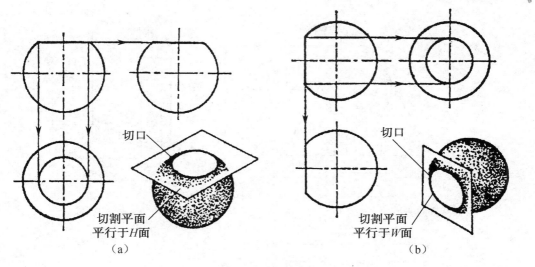

切口

切割平面
平行于H面
（a）

切口

切割平面
平行于W面
（b）

图 1-40　截切圆球

3．综合式组合体

常见的组合体大都是综合式组合体，既有叠加，又有切割，如图 1-41 所示。

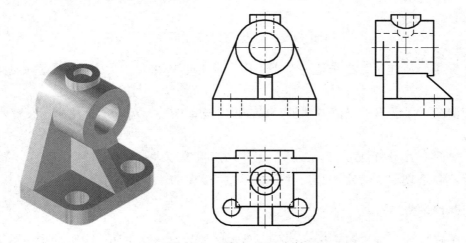

图 1-41　综合式组合体

1.4.5　组合体视图中的尺寸标注

组合体不仅需要用视图来表达其形状和结构特征，而且还需要通过在视图上标注尺寸来说明组合体各部分的形状和大小及其相对位置，图 1-42 所示的是轴承座的尺寸标注。

1．基本要求

（1）正确。所注的尺寸数值要正确无误，标注方法要严格遵守国家标准。

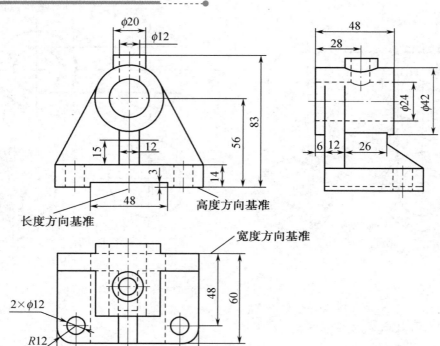

图 1-42　轴承座的尺寸标注

（2）完整。所注尺寸必须能完全确定组合体的形状和大小及相对位置，不遗漏、不重复。

（3）清晰。保证不被误读或误解，每一尺寸均需明确、清晰地标注出，布置要整齐，便于阅读。

（4）合理。尺寸标注要符合设计、工艺和测量等要求；尺寸之间不得发生矛盾或不便作图等不合理现象。规定一个尺寸只能标注一次。

2．尺寸种类

（1）定形尺寸。确定组合体各部分大小和形状的尺寸。例如，图 1-42 所示中轴承座圆筒的直径为 $\phi42$，底板圆角半径为 $R12$，底板高度为 14 等。

（2）定位尺寸。确定形体之间相对位置的尺寸。例如，图 1-42 所示中轴承座底板上两个直径为 $\phi12$ 的孔的定位尺寸为 66 和 48，水平圆筒中心高为 56 等。

（3）总体尺寸。确定组合体总长、总高、总宽的尺寸。例如，图 1-42 所示中轴承座的总长为 90、总高为 83、总宽为 66。

3．尺寸基准

标注尺寸的起点为尺寸基准（简称基准）。

组合体有长、高、宽三个方向的尺寸，标注每个方向上的尺寸都应该先选择好基准。图 1-42 所示中轴承座的长度基准为对称中心线，宽度方向的基准为竖板的后端面，高度基准为轴承座的底面。

1.5 机械图样的常用表达方法

机件的结构形状是多种多样的，在表达它们时应首先考虑看图方便。根据机件结构的形状特点，要用适当的方法来完整、正确、清晰地表达它，这仅用前面所学的知识是不够的。为此，《机械制图》国家标准中规定了视图、剖视图、断面图等基本表示法。熟悉并掌握这些基本表达方法，才能根据机件不同的结构特点，完整、清晰、简明地表达机件的各部分形状。

1.5.1 视图

视图是指机件向投影面投影所得的图形，它主要表达机件的外部结构形状。视图包括基本视图、向视图、局部视图和斜视图四种。

1. 基本视图

机件向基本投影面投影所得的视图称为基本视图。采用正六面体中的 6 个面为基本投影面，将机件放在正六面体中，由前、后、左、右、上、下 6 个方向，分别向 6 个基本投影面投影，再按图 1-43 所示中的方法展开，便得到与正投影面成为同一个平面的 6 个基本视图。

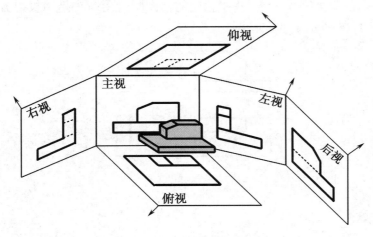

图 1-43　基本视图的展开

6 个基本视图的名称和投射方向：
主视图，由前向后投射所得的视图；后视图，由后向前投射所得的视图；俯视图，由上向下投射所得的视图；仰视图，由下向上投射所得的视图；左视图，由左向右投射所得的视图；右视图，由右向左投射所得的视图。基本视图的配置关系如图 1-44 所示。

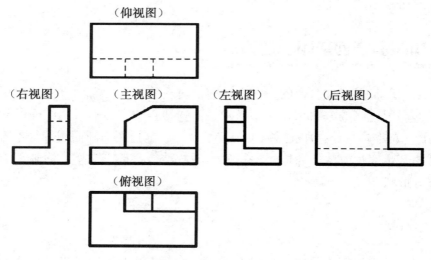

图 1-44　基本视图

　　6 个基本视图之间仍符合"长对正、高平齐、宽相等"的投影关系。在实际应用中，应根据机件的结构特点和复杂程度选用必要的基本视图，一般应优先考虑选用主视图、俯视图、左视图 3 个基本视图。

2．向视图

　　向视图是未按投影关系配置的视图，在采用这种表达方式时，必须在向视图上方标出名称"×"（"×"为大写字母），并在相应的视图附近用箭头指明投射方向，且注上相应的字母，如图 1-45 所示中的向视图"A"。

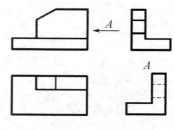

图 1-45　向视图

3．局部视图

　　将机件的某一部分向基本投影面投射所得的视图称为局部视图，如图 1-46 所示的机件，用主、俯两个基本视图表达了主体形状，但左、右两边凸缘形状如用左视图和右视图表达，则显得烦琐和重复。采用 A 和 B 两个局部视图来表达两个凸缘形状，既简练又突出重点。

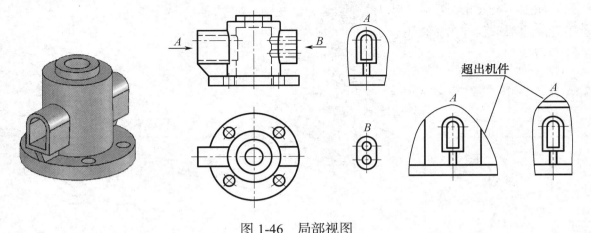

图 1-46　局部视图

4．斜视图

当机件上有倾斜于基本投影面的结构时，为了表达倾斜部分的真实形状，可设置一个与倾斜面部分平行的辅助投影面，再将倾斜结构向该投影面投射。这种将机件向不平行于基本投影面的平面投射所得的视图称为斜视图。

斜视图的配置、标注及画法：

斜视图通常按向视图的配置形式配置并标注，即在斜视图上方用字母标出视图的名称，在相应的视图附近用带有同样字母的箭头指明投射方向，如图 1-47（b）所示。必要时，允许将斜视图旋转配置，并加注旋转符号，如图 1-47（c）所示。

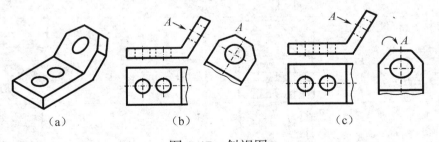

（a）　　　　　　（b）　　　　　　（c）

图 1-47　斜视图

1.5.2　剖视图

1．剖视图的形成

当零件内部结构比较复杂时，在视图上就会有较多的虚线，如图 1-48（a）所示，有时甚至与外形轮廓线相互重叠，使图形很不清楚，不利于看图。为了解决这个问题，可假想用剖切面将零件剖开，移去观察者和剖切面之间的部分，将余下的部分向投影面投影，如图1-48（b）所示，所得的视图称为剖视图，如图1-48（c）所示。这样，原来看不见的内部形状变为看得见，虚线也就成为实线了。

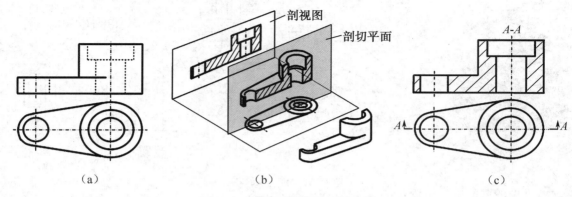

图1-48　剖视图的形成及画法

2．有关术语

（1）剖切面：剖切被表达物体的假想平面。

（2）剖切符号：指示剖切面起、讫和转折的位置及投射方向。

（3）剖面区域：假想用剖切面剖开物体，剖切面与物体的接触部分。剖面区域一般应画出剖面符号，不同材料的剖面符号如表1-9所示。

表1-9　各种材料的剖面符号

材料名称	剖面符号	材料名称	剖面符号
金属材料（已有规定剖面符号者除外）		木质胶合板	
线圈绕组元件		基础周围的泥土	
转子、电枢、变压器和电抗器等的叠钢片		混凝土	
非金属材料（已有规定剖面符号者除外）		钢筋混凝土	
型砂、填砂、粉末冶金、砂轮、陶瓷刀片、硬质合金刀片等		砖	
玻璃及供观赏用的其他透明材料		格网（筛网、过滤网等）	

材料名称		剖面符号	材料名称	剖面符号
木材	纵剖面		液体	
	横剖面			

3．剖视图的标注

为了方便看图，说明零件被剖切后的剖视图与有关视图的对应关系，剖视图一般要进行标注。剖视图的标注有如下内容：在剖视图的上方标注剖视图的名称，如"A-A"等；在相应的视图上用剖切符号和箭头表示剖切位置及投射方向，并标注与剖视图名称相同的字母，如图 1-49 所示。

（1）在一个零件中，可根据需要用几个剖视图来表达内部结构，其剖切的名称可按字母 A、B、C……的顺序标注，如图 1-49 所示中的"A-A"、"B-B"。

（2）剖视图与对应视图之间有直接的投影关系，且中间没有其他视图隔开时，可省略投影箭头，如图 1-49 所示中的"B-B"。

（3）当单一剖切面通过物体的对称平面，且剖视图按投影关系配置时，可省略标注，如图 1-50 所示的全剖视图。

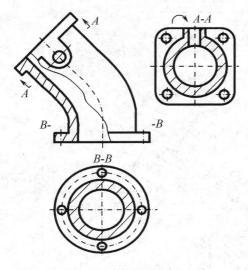

图 1-49　剖视图的标注

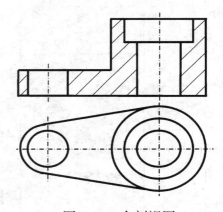

图 1-50　全剖视图

4．几种常见的剖视图的识读

常见的剖视图有全剖视图、半剖视图和局部剖视图，如表 1-10 所示。

（1）全剖视图。用剖切平面把零件完全地剖开后所得到的剖视图称为全剖视图。不同的剖切平面位置可得到不同的全剖视图。

（2）半剖视图。在有对称平面的零件上，用一个剖切平面将零件剖开，去掉零件剖面前部分的一半，一半表达外形，一半表达内形，这种一半剖视图一半视图的组合图形称为半剖视图。

（3）局部剖视图。在零件的某一局部，用一个剖切平面将零件的局部剖开，表达其内部结构，并以波浪线分界以示剖切范围，这种剖视图称为局部剖视图。

表 1-10　常见的剖视图

剖视名称	剖切平面与剖切方法	立体图	剖视图	标注	应用
全剖视图	单一剖切面，且剖切面平行某一基本投影面			一般应标注剖切位置、名称和投影方向；有直接投影关系时可省略箭头；当剖面通过对称中心且有直接投影关系时可省略标注	多用于外形简单、内形复杂的零件
	单一剖切面，用斜剖的剖切方法			需标注剖切位置、投影方向和剖视图名称	用于倾斜部的内形表达

续表

剖视名称	剖切平面与剖切方法	立体图	剖视图	标注	应用
全剖视图	几个平行剖切面,阶梯剖切法			一般需要标注剖切位置、投影方向和剖视图名称。阶梯的转折处也应标注剖切位置线	多用于零件结构呈阶梯状分布的情况
	两相交剖切面,旋转剖切法			需要标注剖切位置、投影方向和剖视图名称,在两平面的相交处也要标注剖切位置线	多用于轮、盘类零件的内形表达
半剖视图	单一剖切面,剖切面处于对称面位置,去掉剖面前部分的一半			标注与全剖视图第一种剖切法相同	一半表示内部形状,一半表示外部形状,用于内形、外形均较复杂且对称的零件
局部剖视图	单一剖切面,在零件需要处剖开局部			通常不需要标注	表达零件局部内形,用波浪线表示剖视图与外形的分界

1.5.3 断面图

1. 断面图的定义

假想用剖切平面将机件的某处切断，仅画出断面的图形，称为断面图。断面图和剖视图不同，其区别在于断面图仅画出机件上被切断处的断面的形状，而剖视图除了要画出断面的形状外，还必须画出断面后的可见轮廓线，如图 1-51 所示。断面图通常用来表达机件上某一局部的断面形状，如轴上的孔、键槽、筋板和轮辐等。

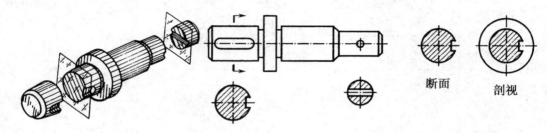

图 1-51　断面图

2. 断面图的分类

根据断面图配置位置的不同，可分为移出断面和重合断面两种。

（1）移出断面。画在视图轮廓之外的断面图称为移出断面。移出断面时移出断面的

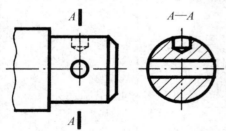

图 1-52　移出断面的剖视图绘制

轮廓线用粗实线绘制。移出断面应尽量配置在剖切符号或剖切平面迹线（剖切面与投影面的交线）的延长线上，如图 1-51 所示。必要时也可以将移出断面配置在其他适当位置，在不引起误解时可以将图形旋转。当剖切平面通过回转面形成的孔和凹坑的轴线时，这些结构应按剖视图绘制，如图 1-52 所示的通孔和盲孔。移出断面的标注方法如表 1-11 所示。

表 1-11　移出断面的标注

断面位置	断面形状对称	断面形状不对称
在剖切位置的 延长线上		

续表

断面位置	断面形状对称	断面形状不对称
按投影关系配置		
在其他位置		

（2）重合断面。绘制在视图轮廓之内的断面称为重合断面，如图 1-53 所示。绘制重合断面时，重合断面应在剖切位置处绘制，其轮廓线用细实线绘制。当视图中的轮廓线与断面的轮廓线重合时，视图中的轮廓线应连续绘制，不可间断。

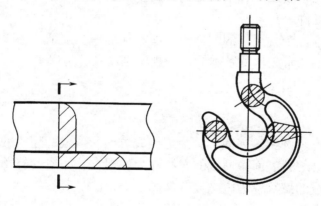

图 1-53　重合断面图

1.5.4　局部放大图

局部放大图是将机件的部分结构用大于原图形所采用的比例画出的图形，如图 1-54 所示，常用于表达机件的细小部位。

局部放大图可绘制视图、剖视图、剖面图，它与放大部分的表达方式无关。局部放大图应尽量配置在被放大部位的附近；绘制局部放大图时，应用细实线圆圈出被放大部分的图形；同一图中有几个局部放大图时，应用罗马数字依次标明，并在局部放大图的上方标出相应的罗马数字和所采用的比例。

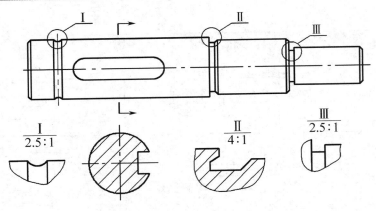

图 1-54　局部放大图

1.6　标准件与常用件

在各种设备中广泛应用的螺栓、螺母、键、销、滚动轴承、弹簧等零件统称为常用件。随着工业技术的不断发展，很多常用件的整体结构和尺寸都已标准化。已被标准化的常用件，称为标准件。

在绘制这些标准件和常用件的图样时，国家标准中规定了某些简化画法。这里主要介绍几种常见标准件和常用件的基本知识、规定画法及标记等。

1.6.1　螺纹

螺纹是指在圆柱、圆锥等表面上，沿螺旋线方向所形成的连续的凸起和凹谷相间的结构。在圆柱和圆锥等外表面中形成的螺纹称为外螺纹，如图 1-55（a）所示。在圆柱、圆锥等内表面上形成的螺纹称为内螺纹，如图 1-55（b）所示。

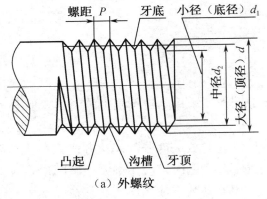

（a）外螺纹

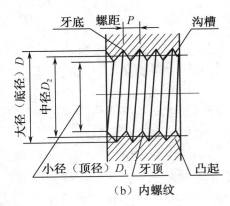

（b）内螺纹

图 1-55　螺纹

1．螺纹的基本要素

制造和选用螺纹，必须首先确定代表螺纹的基本要素。螺纹的基本要素包括牙型、公称直径、螺距（或导程）、线数、旋向、旋合长度和螺纹公差带等。

（1）牙型。螺纹牙型是指在通过螺纹轴线的剖面上螺纹的轮廓形状。图1-55所示的螺纹为三角形牙型，此外还有梯形、锯齿形和矩形牙型。

（2）螺纹直径。螺纹的直径包括螺纹大径、中径、小径等，常用螺纹大径来表示螺纹的大小，因此螺纹大径也称公称直径。外螺纹的大径、小径和中径分别用 d、d_1、d_2 表示。内螺纹的大径、小径和中径分别用大写 D、D_1、D_2 表示，如图1-55所示。

（3）线数。螺纹线数又称头数，是指螺纹零件上螺旋线的数目，用 n 表示。常用的有单线、双线和多线螺纹等几种。

（4）螺距和导程。螺纹相邻两牙在中径线上对应点的轴向距离称为螺距，用 P 表示。同一条螺旋线上相邻两牙在中径线上对应点间的轴向距离称为导程，用 P_h 表示。单线螺纹的导程等于螺距；多线螺纹的导程等于线数乘以螺距。

（5）旋向。螺纹分为右旋螺纹和左旋螺纹。沿旋进方向观察时，顺时针旋转时旋入的螺纹为右旋螺纹，右旋螺纹为常用螺纹；逆时针旋转时旋入的螺纹为左旋螺纹。

2．螺纹的种类

螺纹按用途主要分为连接螺纹和传动螺纹，如表1-12所示。

表 1-12　常用螺纹

螺 纹 种 类		特征代号	外 形 图	用　途
连接螺纹	普通螺纹	M		分为粗压普通螺纹和细牙普通螺纹，是最常用的连接螺纹
	管螺纹	G		用于水管、油管、气管等薄壁管的管路连接
传动螺纹	梯形螺纹	Tr		用于各种机床的丝杠，做传动用

续表

螺 纹 种 类		特征代号	外 形 图	用 途
传动螺纹	锯齿形螺纹	B		只能传递单方向的动力

3. 普通螺纹的表示方法

普通螺纹的规定画法如表 1-13 所示。

表 1-13　螺纹的规定画法

名称	规 定 画 法
外螺纹的画法	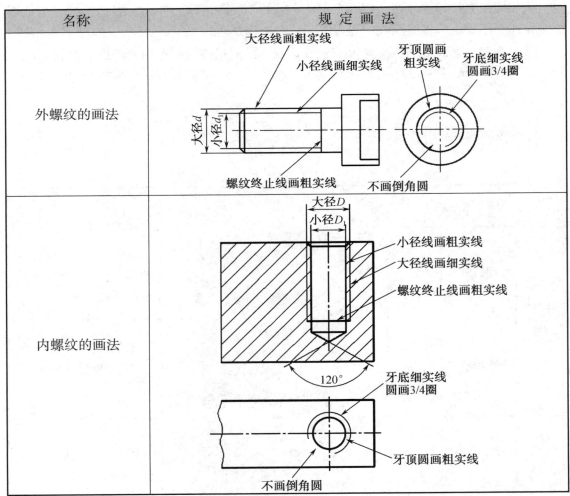
内螺纹的画法	

续表

名称	规 定 画 法
内外螺纹旋合画法	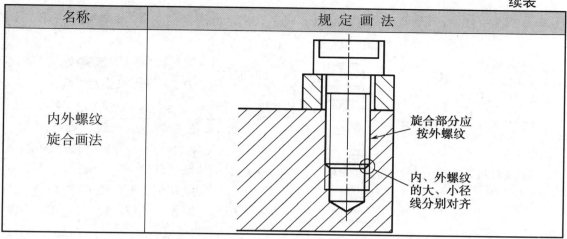 旋合部分应按外螺纹 内、外螺纹的大、小径线分别对齐

4. 螺纹的标注方法

螺纹采用规定画法后，在图上看不出它的牙型、螺距、线数和旋向等结构要素，需要用标记加以说明。国家标准对各种常用螺纹的标记及其标注方法的规定如表1-14所示。

表 1-14 常用螺纹标注示例

螺纹类别	特征代号	标注示例	标注的含义
普通螺纹（粗牙）	M	M20-5g6g-40	普通螺纹，大径为 20，粗牙，螺距为 2.5，右旋；螺纹中径公差带代号为 5g，顶径公差带代号为 6g；旋合长度为 40
普通螺纹（细牙）	M	M36×2-6g	普通螺纹，大径为 36，细牙，螺距为 2，右旋；螺纹中径和顶径公差带代号同为 6g，中等旋合长度
梯形螺纹	Tr	Tr40×14(P7)-7H	梯形螺纹，公称直径为 40，导程为 14，螺距为 7，右旋，中径公差带代号为 7H，中等旋合长度
锯齿形螺纹	B	B32×6LH-7e	锯齿形螺纹，大径为 32，单线，螺距为 6，左旋，中径公差带代号为 7e，中等旋合长度

续表

螺纹类别	特征代号	标注示例	标注的含义
非螺纹密封的管螺纹	G	G_1A　G_1	非螺纹密封的管螺纹，尺寸代号为1，外螺纹公差等级为A级
55° 螺纹密封的管螺纹	R_1 R_2 R_c R_p	$R_c3/4$　$R_23/4$	55° 密封管螺纹，尺寸代号为3/4。R_1 表示与圆柱内螺纹相配合的圆锥外螺纹；R_2 表示与圆锥内螺纹相配合的圆锥外螺纹；R_c 表示圆锥内螺纹；R_p 表示圆柱内螺纹

螺纹在标记和标注时应注意：

（1）普通螺纹的螺距有粗牙和细牙两种，粗牙螺距不标注，细牙必须标注螺距。

（2）左旋螺纹要注写LH，右旋螺纹不注写。

（3）螺纹公差带代号包括中径和顶径公差带代号，如5g、6g，前者表示中径公差带代号，后者表示顶径公差带代号。如果中径与顶径公差带代号相同，则只标注一个代号。国家标准规定螺纹公差带用代号表示，其代号由基本偏差代号和公差等级代号构成，常用的螺纹公差带为 4H、5H、6H、7H（内螺纹）；6e、6f、4h、6h、8g（外螺纹）。外螺纹的基本偏差代号有 e、f、g、h 4 种，内螺纹的基本偏差代号有 G、H 2 种。

（4）普通螺纹的旋合长度规定为短（S）、中（N）、长（L）三组，中等旋合长度（N）不必标注。

（5）管螺纹的尺寸代号是指管子内径（通径）英寸的数值，不是螺纹大径。画图时大小径应根据尺寸代号查出具体数值。非螺纹密封的管螺纹，其外螺纹有 A 和 B 两个公差等级，内螺纹只有一个公差等级，不必标出。

5．螺纹紧固件

常用螺纹紧固件有螺栓、螺柱（双头螺柱）、螺钉、螺母和垫圈等，属于标准件。对符合标准的螺纹紧固件，可以简化画出。

（1）常用螺纹紧固件的简化画法及标记如表 1-15 所示。

表 1-15　常用螺纹紧固件及标记

名称	图例	标记示例
六角头螺栓	50　M12	螺栓 GB/T 5782　M12×50

续表

名称	图例	标记示例
开槽圆柱头螺钉	45　M10	螺钉 GB/T 65　　　M10×45
双头螺柱	18　50　M12	螺柱 GB/T 899　　　M12×50
六角螺母	M16	螺母 GB/T 6170　　　M16
平垫圈	φ17	垫圈 GB/T 97.1　　　16
弹簧垫圈	φ16.5	垫圈 GB/T 93　　　16

（2）螺纹紧固件连接的画法。

螺纹紧固件的种类虽然很多，但其连接形式可归纳为螺栓连接、螺柱连接和螺钉连接三种。在装配图中，当剖切平面通过螺杆的轴线时，对于螺栓、螺柱、螺母及垫圈等均按不画剖面线绘制。这些常用连接简化画法如表 1-16 所示。

表 1-16　常用连接简化画法

连接类型	螺栓连接	螺柱连接	螺钉连接
简化画法			
应用场合	适用于连接两个厚度不大的零件和需要经常拆装的场合	适用于被连接件之一太厚，不适于钻孔或不能钻成通孔的场合	适用于受力不大的零件间的连接

1.6.2 键及其连接

键常用来连接轴上零件（如带轮、齿轮等），并传递扭矩。键连接具有结构简单、工作可靠、拆装方便等特点，是应用十分广泛的一种连接形式。键按结构不同分为普通平键、半圆键、导向平键、钩头楔键和花键等，其中以平键应用最为广泛。下面简要介绍机电设备中的常用键。

1. 常用键概述

常用键为标准件，包括普通平键（普通平键分为 A 型、B 型和 C 型三种）、半圆键和钩头楔键等，其结构、画法及标记如表 1-17 所示。

表 1-17　常用键的结构、画法及标记

名　称	图例	标记示例
普通平键	$C \times 45°$或r　h　$R=b/2$　b　L　A型	圆头平键 b=12，h=8，L=100，表示为： 键 $12 \times 8 \times 100$ GB/T1096—2003
半圆键	L　r　d　b　h	半圆键 b=6，h=10，d=25，表示为： 键 $6 \times 10 \times 25$ GB/T 1099—2003
钩头楔键	$C \times 45°$或r　45°　h　$\geqslant 1:100$　h　h_1　b　b　L	钩头楔键 b=18，h=11，L=100，表示为： 键 $18 \times 11 \times 100$ GB/T 1565—2003

2. 常用键连接的画法

平键和半圆键的工作面是两侧面，因此在键连接画法中，键的两侧面应分别与轴槽和轮毂槽（轴上零件的键槽）两侧面相接触；而键的底面应与轴槽底面接触，并均应画一条线；键的顶面与轮毂槽的底面之间应留有间隙，并画出两条线。普通平键，半圆键连接画法如图 1-56 所示。

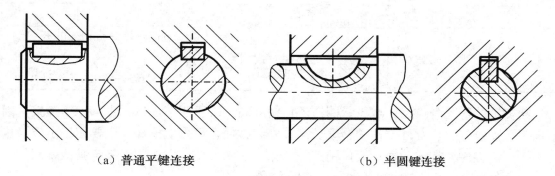

（a）普通平键连接 （b）半圆键连接

图 1-56 普通平键和半圆键连接画法

钩头楔键上、下两面是工作面，所以键与轴槽和轮毂槽底面相接触，应画成一条线；而键的两侧面与轴槽和轮毂槽两侧面均不接触，应留有间隙，画图时也应分别画出两条线，如图 1-57 所示。

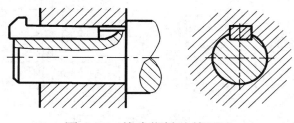

图 1-57 钩头楔键连接画法

1.6.3 销及其连接

销主要用于零件的连接、定位和防止松动，也可起到过载保护作用。常用的有圆柱销、圆锥销和开口销三种，其形式、标准、画法及标注如表 1-18 所示。

表 1-18 常用销的形式、标准、画法及标注

名称	标准	图例	标注示例
圆柱销	GB/T119.2—2000		公称直径 $d=4$mm，长度 $L=14$mm 的 A 型圆柱销，表示为：销 GB/T 119.2—2000 4 × 14
圆锥销	GB/T117—2000	◁1:50	$d=8$mm，$L=50$mm 的 A 型圆锥销，表示为：销 GB/T 117—2000 8 × 50

续表

名称	标准	图例	标注示例
开口销	GB/T91—2000	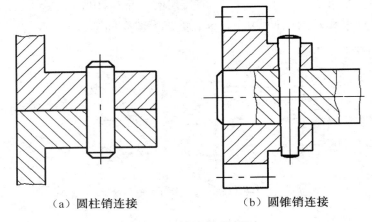	$d=5mm$，$L=50mm$ 的开口销，表示为： 销 GB/T 91—2000 5 × 50

圆柱销的销孔需铰制，过盈紧固，定位精度高，主要用于定位，也可用于连接；圆锥销销孔需铰制，比圆柱定位销精度更高，安装方便，可多次拆卸，主要用于定位，也可用于固定零件，传递动力；开口销工作可靠，拆卸方便，主要用于锁定其他紧固件，与槽形螺母配合使用，防止螺母松动。

销连接的画法如图 1-58 所示。

（a）圆柱销连接　　　　　（b）圆锥销连接

图 1-58　销连接的画法

1.6.4　齿轮

齿轮是机械传动中应用最广的一种传动件，它不仅可以用来传递动力，而且可以用来改变轴的转速和传动方向。常见的齿轮有圆柱齿轮、圆锥齿轮和涡轮蜗杆 3 种。

1．圆柱齿轮的规定画法

（1）一般用两个视图表达，或者用一个视图和一个剖视图来表达。

（2）齿顶圆和齿顶线用粗实线绘制。

（3）分度圆和分度线用细点画线绘制。

（4）齿根圆和齿根线用细实线绘制，也可省略不画，在剖视图中齿根线用粗实线绘制。

（5）在剖视图中，当剖切平面通过齿轮的轴线时，轮齿都不画剖面线。

圆柱齿轮的规定画法如图 1-59 所示。

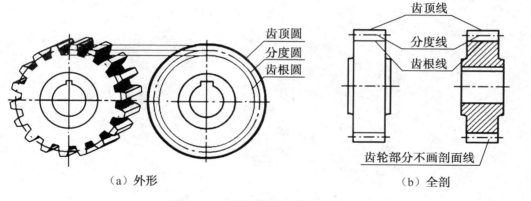

（a）外形　　　　　　　　　　（b）全剖

图 1-59　圆柱齿轮的规定画法

2. 圆柱齿轮的啮合画法

画齿轮啮合图时，一般画一个主视图和一个剖视图。主视图中啮合区的齿顶圆均画粗实线，如图 1-60（a）所示，也可省略不画，如图 1-60（b）所示，剖视图中，将一个齿轮的轮齿用粗实线绘制，另一个齿轮的轮齿被遮挡部分用虚线绘制或省略不画。

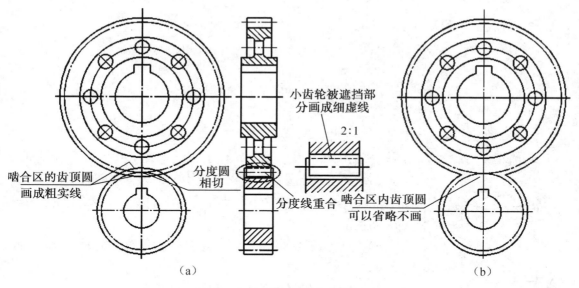

（a）　　　　　　　　　　　　　（b）

图 1-60　圆柱齿轮的啮合画法

1.6.5　弹簧

弹簧是机械设备中广泛采用的一种弹性零件，它在载荷作用下，能够产生弹性变形，从而起到减震、夹紧、测力、自动复位和储存能量等不同的功用。常见的弹簧有螺旋弹簧、涡卷弹簧和板弹簧等。根据受力情况不同，螺旋弹簧又分为压缩弹簧、拉伸弹簧和扭转弹簧，如图 1-61 所示。其中圆柱螺旋压缩弹簧应用最为广泛。

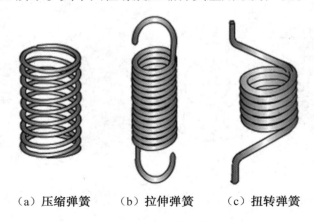

（a）压缩弹簧　　　（b）拉伸弹簧　　　（c）扭转弹簧

图 1-61　圆柱螺旋弹簧

1．圆柱螺旋压缩弹簧的各部分名称和尺寸关系

（1）弹簧钢丝直径 d。

（2）弹簧直径。

弹簧外径 D：弹簧的最大直径。

弹簧内径 D_1：弹簧的最小直径。

弹簧中径 D_2：弹簧的平均直径。

（3）节距 t：除支承圈外，相邻两圈沿轴向的距离。

（4）弹簧的圈数。

有效圈数 n：除支承圈外，保持相等节距的圈数。

支承圈数 n_2：为了使压缩弹簧工作时受力均匀，保证轴线垂直于支承面，两端须并紧磨平，这部分圈数只起支撑作用，称为支承圈。

总圈数 n_1：有效圈和支承圈之和称为总圈数，即：$n_1 = n + n_2$。

（5）自由长度（或高度）H_0：弹簧在不受外力时的长度（或高度）。

（6）弹簧钢丝的展开长度 L：弹簧钢丝的总长度。

2．圆柱螺旋压缩弹簧的规定画法

圆柱螺旋压缩弹簧的图形只是起一个符号的作用，生产时根据尺寸来加工制造。规定的画法如图 1-62 所示，画图时应遵循以下原则。

（1）单独绘制的弹簧剖视图和视图如图 1-63（a）和图 1-63（b）所示。

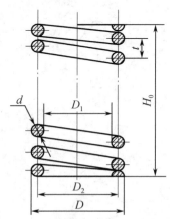

图 1-62　圆柱螺旋压缩弹簧的画法

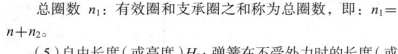

（2）无论是右旋还是左旋，均可画成右旋，但对左旋弹簧须注明"左"字。

（3）无论支承圈为多少，均可按 2.5 圈画图。有效圈数在 4 圈以上，中间部分可省略不画，并可以适当缩短图形的长度。

（4）钢丝直径小于 1mm 时，可采用示意画法，如图 1-63（c）所示。

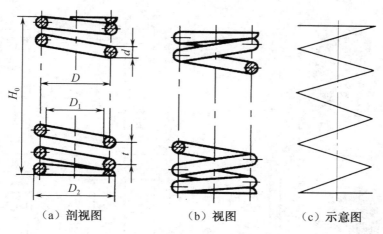

（a）剖视图　　　　　　（b）视图　　　　　　（c）示意图

图 1-63　螺旋压缩弹簧的画法

1.6.6　滚动轴承

滚动轴承是支承传动轴的部件，一般由内圈、外圈、滚动体、保持架 4 个部分组成，且已标准化，因此无须画它的零件图。在装配图中，也只是根据它的外径、内径和宽度等几个主要尺寸，按简化或示意画法表示。

1．滚动轴承的分类与画法

常见滚动轴承按承受载荷情况分为三类。

（1）向心轴承———主要承受径向载荷。

（2）推力轴承———主要承受轴向载荷。

（3）向心推力轴承———可同时承受径向和轴向载荷。

常见滚动轴承的特征画法、规定画法如表 1-19 所示。

2．滚动轴承的代号

滚动轴承的代号由前置代号、基本代号、后置代号构成；前置代号和后置代号是当轴承的结构形状、尺寸、公差、技术要求等改变时在其基本代号左右添加的补充代号。后置代号由轴承游隙代号和轴承公差等级代号组成，当游隙基本组合公差等级为 0 级时，可省略。具体标准可查阅国家标准（GB/T272—1993）。

表 1-19 常用滚动轴承的形式和规定画法

轴承类型	结构形式	通用画法	特征画法	规定画法	承载特征
		（均指滚动轴承在所属装配图剖视图中的画法）			
深沟球轴承（GB/T276—1994）6000 型		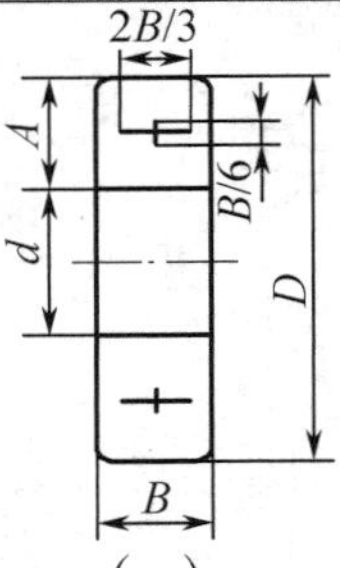 （a）	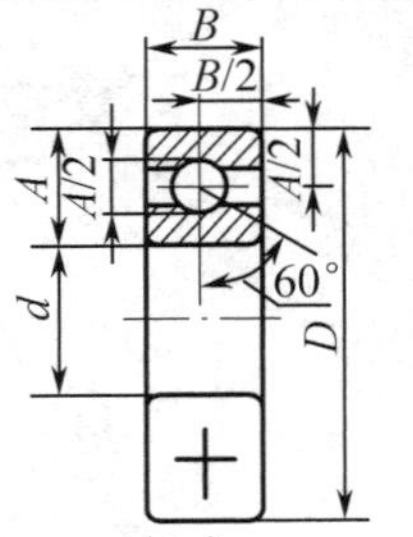 （b）		主要承受径向载荷
圆锥滚子轴承（GB/T297—1994）3000 型		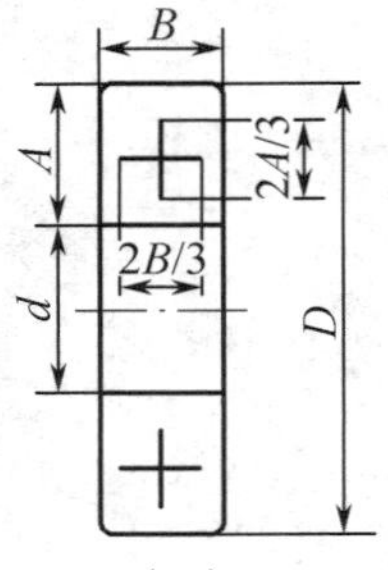 （c）	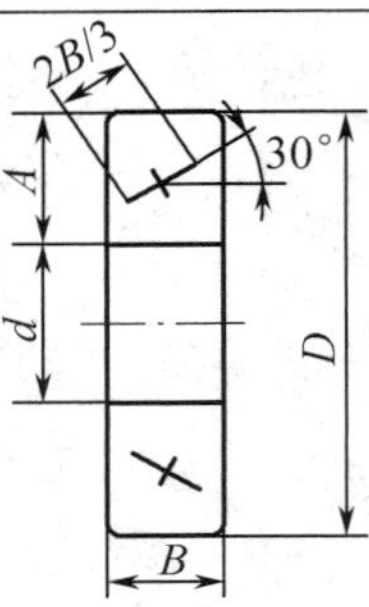 （d）	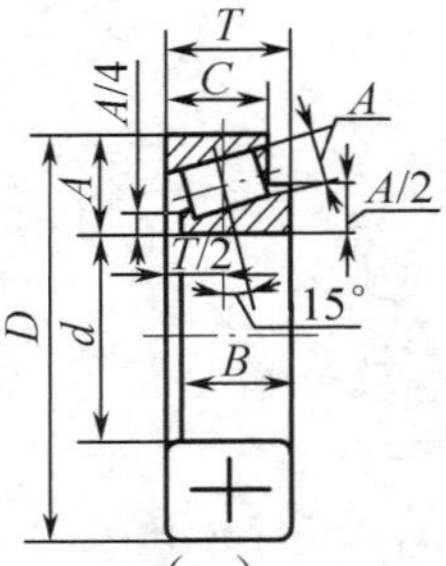 （e）	可同时承受径向和轴向载荷
推力球轴承（GB/T301—1995）51000 型			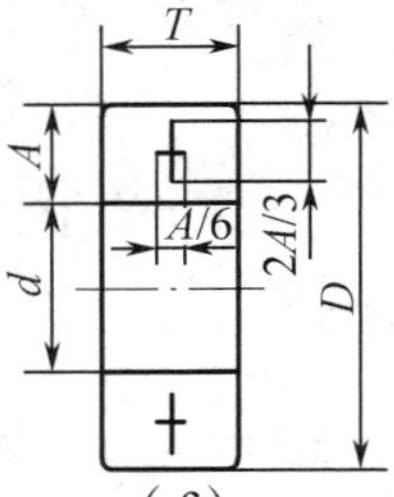 （f）	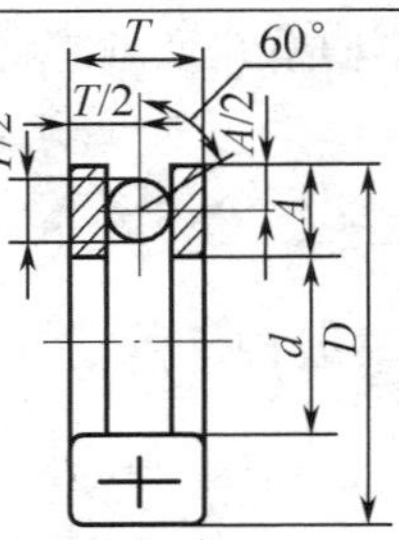 （g）	承受单方向轴向载荷
三种画法的应用		当不需要确切地表示滚动轴承的外形轮廓、承载特性和结构特征时采用	当需要较形象地表示滚动轴承的结构特征时采用	在滚动轴承的产品图样、产品样本、产品标准和产品使用说明书中采用	

　　基本代号一般由 5 位数字组成，第一、第二位表示轴承的内径；第三、第四位为轴承内径系列代号，其中第三位表示直径系列，第四位表示宽度系列；第五位表示轴承类型，如表 1-20 所示。

表 1-20 滚动轴承基本代号中数字所代表的意义

位数（自右至左）	数字代表的意义	代　号									
		0	1	2	3	4	5	6	7	8	9
第一、二位数	轴承内径	代号数字<04 时，00、01、02、03 分别表示轴承内径 d=10、12、15、17mm。代号数字为 04~99 时，代号数字乘以 5，即为轴承的内径尺寸									
第三位数	直径系列		特特轻系列	轻窄系列	中窄系列	重窄系列	轻宽系列	中宽系列	特轻系列	超轻系列	超轻系列
第五位数	轴承类型	双列角接触球轴承	调心轴承	调心滚子轴承	圆锥滚子轴承	双列深沟球轴承	推力球轴承	深沟球轴承	角接触球轴承	推力圆柱滚子轴承	

注：第四位数字表示宽度系列。

例如，轴承型号为 6204，它所表示的意义如下。

6——类型代号，表示深沟球轴承。

2——尺寸系列代号"02"。其"0"为宽度系列代号，按规定省略未写，"2"为直径系列代号，故两者组合时注写成"2"。

04——内径代号，表示该轴承内径为 4×5＝20mm，即内径代号为公称内径 20 除以 5 的商，再在前面加 0 成为"04"。

1.7 零件的几何精度

同一规格的一批零件，任取其一，不需要任何挑选或附加修配就能装在机器上，保证机器性能要求的性质，称为零件的互换性。零件的互换性，对简化产品设计、缩短生产周期、提高劳动生产率、降低产品成本、方便维修都具有十分重要的意义。

由于零件在加工过程中，受多种因素的影响，总会存在尺寸、形状等几何误差。因此，为了保证零件的互换性，必须使零件具有正确的几何精度，即尺寸精度、形状和位置精度、表面精度等。国家标准相应制定了公差配合标准、形位公差标准和表面粗糙度标准。这里简要介绍以上标准。

1.7.1 极限与配合

1. 尺寸公差

尺寸公差是指允许尺寸的变动量，是实现零件互换的必要条件，简称公差。有关尺寸公差的一些名词概念，如图 1-64 所示，说明如下。

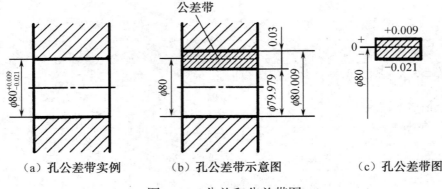

（a）孔公差带实例　　（b）孔公差带示意图　　（c）孔公差带图

图1-64　公差和公差带图

公称尺寸：设计给定的尺寸（ϕ80）。

实际尺寸：通过测量所得的尺寸。

上极限尺寸：允许尺寸变化的最大界限值（ϕ80.009）。

下极限尺寸：允许尺寸变化的最小界限值（ϕ79.979）。

上极限偏差：最大极限尺寸减基本尺寸所得的代数差（ϕ80.009-ϕ80=+0.009）。

下极限偏差：最小极限尺寸减基本尺寸所得的代数差（ϕ79.979-ϕ80=-0.021）。

公差：允许尺寸的变动量。是上极限尺寸与下极限尺寸的代数差的绝对值（ϕ80.009-ϕ79.979=0.03），或者说是上极限偏差与下极限偏差的代数差的绝对值［+0.009-（-0.021）=0.03］。

零线：在公差带图中确定偏差的一条基准直线，即零偏差线。通常以零线表示公称尺寸。

尺寸公差带：在公差带图中由代表上、下极限偏差的两条直线所限定的区域。

2．标准公差与基本偏差

（1）标准公差。国家标准中规定的用以确定公差带大小的任一公差，它是由基本尺寸大小和公差等级两个因素决定的。根据零件使用性能的不同，对其尺寸的精确程度要求也不同。国家标准规定，对于一定的公称尺寸，其标准公差共有20个公差等级，即：IT01、IT0，IT1～IT18。"IT"表示标准公差，后面的数字是公差等级代号。IT01为最高一级，IT18为最低一级。

（2）基本偏差。确定公差带相对于零线位置的上极限偏差或下极限偏差，一般为靠近零线的那个偏差。

国家标准中，对孔和轴的每一基本尺寸段规定了28个基本偏差，并规定分别用大写和小写拉丁字母作为孔和轴的基本偏差代号，编制了如图1-65所示的基本偏差系列。

3．配合

基本尺寸相同的、相互结合的孔和轴公差带之间的关系称为配合。根据使用要求不同，配合有松有紧。孔的实际尺寸大于轴的实际尺寸，就会产生间隙，孔的实际尺寸小于轴的实际尺寸，就会产生过盈。根据孔、轴公差带之间的关系，国家标准规定配合有三种类型，如表1-21所示。

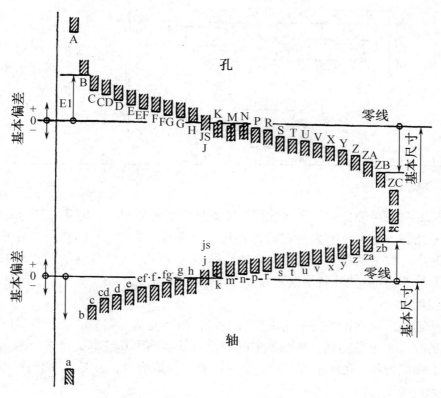

图 1-65　基本偏差系列

表 1-21　配合的三种类型

名　称	公差带图例	说　明
间隙配合	孔公差带　最小间隙　孔公差带　最大间隙　最大间隙　轴公差带　最小间隙等于零	孔公差带在轴公差带之上，任取一对孔和轴相配，都有间隙，包括间隙为零的极限情况
过盈配合	轴公差带　最小过盈等于零　轴公差带　最大过盈　最大过盈　孔公差带　孔公差带	孔公差带在轴公差带之下，任取一对孔和轴相配，都有过盈，包括过盈为零的极限情况

续表

名　　称	公差带图例	说　　明
过渡配合	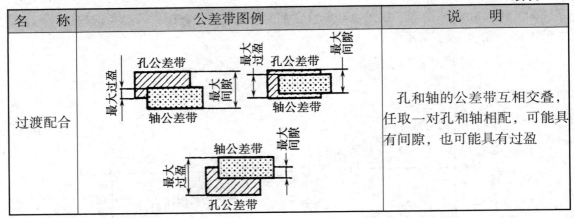	孔和轴的公差带互相交叠，任取一对孔和轴相配，可能具有间隙，也可能具有过盈

4．基准制

国家标准对孔与轴公差带之间的相互关系规定了两种制度，即基孔制与基轴制。

（1）基孔制。基本偏差为一定的孔公差带，与不同基本偏差的轴公差带形成各种配合的一种制度，称为基孔制。基孔制中的孔称为基准孔，其基本偏差规定为 H，国家标准规定其下偏差为零。轴的基本偏差为 a～h 称为间隙配合；为 j～n 称为过渡配合；为 p～zc 称为过盈配合。

（2）基轴制。基本偏差为一定的轴公差带，与不同基本偏差的孔公差带形成各种配合的一种制度，称为基轴制。基轴制中的轴称为基准轴，其基本偏差规定为 h，国家标准规定其上偏差为零。孔的基本偏差为 A～H 称为间隙配合；为 J～N 称为过渡配合；为 P～ZC 称为过盈配合。

公差与配合在图纸上的标注如图 1-66 和图 1-67 所示。

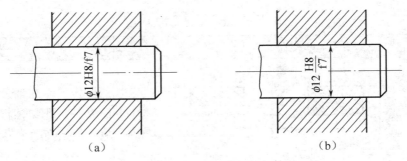

（a）　　　　　　　　　　（b）

图 1-66　装配图中的配合公差标注

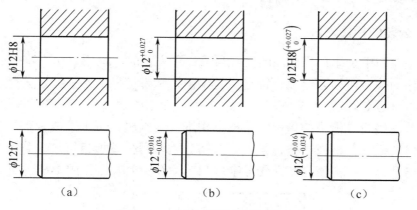

图 1-67 零件图中的公差标注

1.7.2 几何公差

零件的质量不仅需要尺寸公差给予保证，而且还要对零件的几何形状和相对位置公差加以限制。国家标准（GB/T 1182—2008）发布了零件几何公差的标准。

1. 几何公差种类

几何公差包括形状公差、方向公差、位置公差和跳动公差，其公差特征符号如表 1-22 所示。

表 1-22 几何公差的种类及其特征符号

分 类	特征项目	符 号	有无基准	分 类	特征项目	符 号	有无基准
形状公差	直线度	—	无	方向公差	平行度	//	有
	平面度	▱	无		垂直度	⊥	有
	圆度	○	无		倾斜度	∠	有
	圆柱度	⌭	无		线轮廓度	⌒	有
	线轮廓度	⌒	无		面轮廓度	⌓	有
	面轮廓度	⌓	无	位置公差	同轴度	◎	有
跳动公差	圆跳动	↗	有		对称度	=	有
					位置度	⊕	有或无
	全跳动	↗↗	有		线轮廓度	⌒	有
					面轮廓度	⌓	有

2．几何公差的标注方法

几何公差在图中是用代号标注的。代号标注不方便时，也可以用文字说明。

几何公差的代号包括公差项目符号、公差框格和带箭头的指引线、公差值和其他有关符号、基准符号等。

（1）公差框格及带箭头的指引线。框格用细实线画出，可水平或垂直放置。框格内自左至右分出两格、三格或多格，第一、二格分别填写公差项目符号、公差数值及有关符号。第三格及后面各格填写基准代号字母和其他有关内容，如图 1-68 所示。

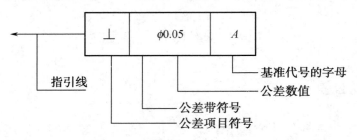

图 1-68　几何公差框格及带箭头的指引线

（2）基准符号。当被测要素有测量基准要求时，与被测要素相关的基准用一个大写字母表示。字母标注在基准方格内，与一个涂黑的或空白的三角形相连以表示基准（图 1-69），表示基准的字母还应标注在公差框格内。涂黑的和空白的基准三角形含义相同。

图 1-69　基准的标注

（3）被测要素。

① 被测要素为表面或线时，指引线箭头应指在该要素的轮廓线或其引出线上，但要与尺寸线明显错开，如图 1-70 所示。

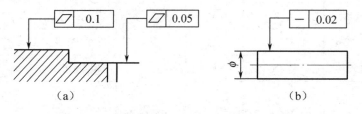

（a）　　　　　　　　　　　　　（b）

图 1-70　被测要素为表面或线时标注方法

② 当被测要素为轴线或对称平面时，指引线箭头与其尺寸线对齐，如图 1-71 所示。

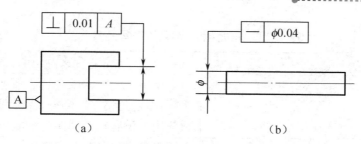

图 1-71　被测要素为轴线或对称平面时标注方法

（4）基准要素

① 当基准要素为表面或线时，指引线箭头应指在该要素的轮廓线或其引出线上，但要与尺寸线明显错开，如图 1-72（a）所示。

② 当基准要素为轴线或中心平面时，基准符号与其尺寸线对齐，如图 1-72（b）所示。

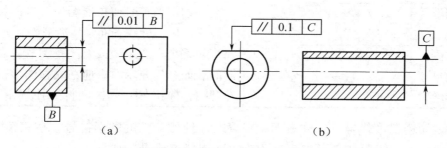

图 1-72　基准要素的标注

1.7.3　表面粗糙度

1. 表面粗糙度的基本概念

（1）概念

零件加工表面上的较小间距和峰谷所组成的微观几何形状不平的程度，称为表面粗糙度。

（2）表面粗糙度的参数

国家标准中规定，常用表面粗糙度评定参数包括轮廓算术平均偏差（R_a）和轮廓最大高度（R_y）。一般情况下，R_a 为最常用的评定参数。

2. 表面粗糙度代号

（1）表面粗糙度图形符号及其含义如表 1-23 所示。

表 1-23　表面粗糙度图形符号及其含义

符号名称	符号样式	含义及说明
基本图形符号		未指定工艺方法的表面；基本图形符号仅用于简化代号标注，当通过一个注释解释时可单独使用，没有补充说明时不能单独使用
扩展图形符号		用去除材料的方法获得表面，如通过车、铣、刨、磨等机械加工的表面；仅当其含义是"被加工表面"时可单独使用
		用不去除材料的方法获得表面，如铸、锻等；也可用于保持上道工序形成的表面，不管这种状况是通过去除材料还是通过不去除材料形成的
完整图形符号		在基本图形符号或扩展图形符号的长边上加一横线，用于标注表面结构特征的补充信息
工件轮廓各表面图形符号		当在某个视图上组成封闭轮廓的各表面有相同的表面结构要求时，应在完整图形符号上加一圆圈，标注在图样中工件的封闭轮廓线上

（2）表面粗糙度代号。标注表面粗糙度时应使用完整的图形符号；在完整图形符号中注写参数代号、极限值等要求后，称为表面粗糙度代号，如

$\sqrt{^{Ra\,1.6}}$：表示以去除材料的方法得到的表面，表面轮廓算术平均偏差的上限值为 1.6μm。

3．表面粗糙度的标注

表面粗糙度在图样上一般用代号标注。标注实例如表 1-24 所示。

表 1-24　表面粗糙度在图样中的标注实例

说　明	实　例	说　明	实　例
每一表面一般只标注一次表面粗糙度，其注写和读取方向与尺寸的注写和读取方向一致		在不引起误解的情况下，表面粗糙度可以标注在给定的尺寸线上	

续表

说　明	实　例	说　明	实　例
表面粗糙度可标注在轮廓线或其延长线上。必要时表面结构符号也可用带箭头或黑点的指引线引出标注	铣 车	表面粗糙度可以标注在几何公差框格的上方	
		如果在工件的多数表面有相同的表面粗糙度要求，可统一标注在图样的标题栏附近	

1.8　零件图

零件图是表达零件的结构、大小及技术要求的图样，也是在制造和检验零件时用的图样，又称零件工作图。在生产过程中，根据零件图样和图样上的技术要求进行生产准备、加工制造及检验。因此，它是指导生产的重要技术文件。

1.8.1　零件图的内容

一张完整的零件图（图 1-73）一般应包括下列 4 个方面的内容。

1．一组表达零件的图形

用必要的视图、剖视图及其他规定画法，正确、完整、清晰地表达零件各部分的结构和形状。

2．一组完整的尺寸

正确、完整、清晰、合理地标注零件制造、检验时所需要的全部尺寸。

3．技术要求

用符号标注或文字说明零件在制造、检验、装配、调整过程中应达到的各项技术要求，如表面粗糙度、尺寸公差、形位公差、热处理、表面处理要求等。

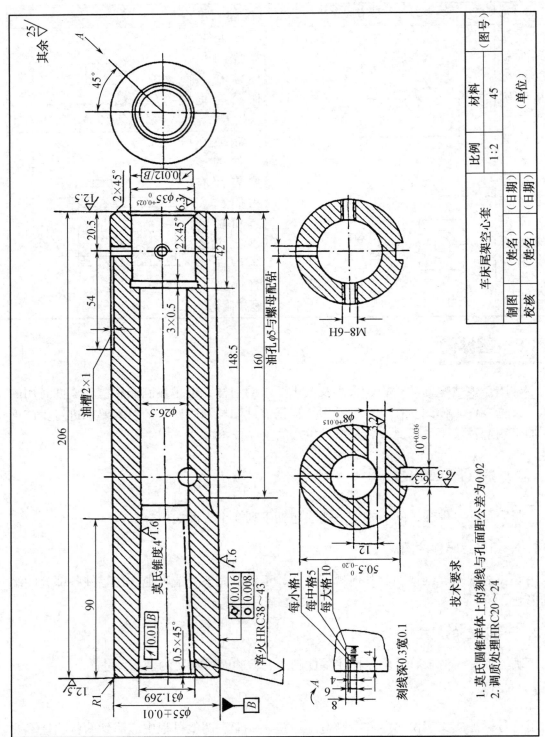

图1-73 车床尾架空心套零件图

其余 $\sqrt{25}$

2×45°

$\boxed{0.012/B}$

$\phi 35^{+0.025}_{0}$

2×45°

20.5

54

3×0.5

油槽 2×1

206

90

莫氏锥度 4

$0.5 \times 45°$

$\boxed{\nearrow 0.01/B}$

淬火HRC38～43

$\phi 31.269$

$\phi 55 \pm 0.01$

R1

$\boxed{B}$

$\boxed{0.016}$
$\boxed{0.008}$

$\phi 26.5$

42

148.5

160

油孔 $\phi 5$ 与螺母配钻

M8-6H

$\phi 8^{+0.015}_{0}$

$10^{+0.036}_{0}$

12

$50.5^{0}_{-0.20}$

刻线深0.3宽0.1

每小格1
每中格5
每大格10

技术要求

1. 莫氏圆锥样体上的刻线与孔面距公差为0.02
2. 调质处理HRC20～24

车床尾架空心套		比例	材料	（图号）
		1:2	45	
制图	（姓名）	（日期）		（单位）
校核	（姓名）	（日期）		

4．标题栏

零件图的标题栏包括零件名称、图号、比例等内容。

1.8.2 零件图的识读

识读零件图就是要根据零件图想象出零件的结构形状、尺寸及技术要求，以了解零件的作用，分析加工方法等。一般可分四步进行：第一步看标题栏；第二步看视图；第三步看尺寸标注；第四步看技术要求。下面通过两个实例，介绍识读零件图的步骤和方法。

1．轴套类零件

以图 1-73 所示车床尾架空心套的零件图为例，介绍如何识读轴套类零件图。

1）看标题栏

由标题栏可知，零件的名称为车床尾架空心套，材料为 45 钢，绘图比例为 1：2。通过看标题栏，对零件图有个大概的了解。

2）分析图形

想象零件的结构形状，首先要根据视图的排列和有关标注，从中找出主视图，并按投影关系，看清其他视图及采用的表达方法。图中采用了主视图、左视图，两个断面图和一个斜视图。

主视图为全剖视图，表达了空心套的内部基本形状。套筒的外形为一直径 55、长 260 的圆柱体，内形是由四号莫氏锥孔和 $\phi 26.5$、$\phi 35$ 圆柱孔组成的全通空套。轴类零件主要结构为回转体，所以一般只需一个基本视图就可以将其整体形状表达清楚。

左视图只有一个作用，就是为 A 向斜视图表明位置和投影方向。

A 向斜视图是表示空心套前上方处外圆表面上的刻线情况。

在主视图的下方有两个移出断面，都画在剖切位置的延长线上。将断面图与主视图对照，可看清套筒外轴面下方有一宽度为 10 的键槽，距离右端 148.5 处还有一个轴线偏下 12 的 $\phi 8$ 孔。右下端的断面图清楚地显示了两个 M8 的螺孔和一个 $\phi 5$ 的油孔，此油孔与一个宽度为 2、深度为 1 的油槽相通。

3）分析尺寸标注

轴套类零件的主要尺寸是轴向尺寸和径向尺寸，因为基本形状是同轴回转体，所以其轴线常作为径向基准，以重要的端面作长度基准。如图中 20.5、42、148.5、160 等尺寸，均从右端面标出，所以右端面为长度方向的尺寸基准。

内孔的中段 $\phi 26.5$ 和左端 4 号莫氏锥孔，图中没有给出长度尺寸，表示这两段的长度可以自然形成。图中个别尺寸有文字说明。如"油孔 $\phi 5$ 与螺母配钻"，表示这个孔是在装配时与相配螺母一起加工的。

4）看技术要求

为保证零件质量，重要的尺寸应标注极限偏差或公差，零件的工作表面应标注表面粗糙度。如空心套外径"$\phi 55 \pm 0.01$"，表面粗糙度 R_a 的上限值为 1.6μm，这样的尺寸精度和表面粗糙度的要求，一般需要经过磨削才能达到。

空心套上还有形位公差的要求，如外圆 $\phi 55$，要求圆度公差值为"0.008"，圆柱度公差值为"0.016"，两端内孔对轴线的圆跳动也有严格要求。

图中还有文字说明的技术要求。第一条规定了锥孔加工时的检验误差；第二条是热处理要求，表明除左端 90 长的一段锥孔内表面要求淬火，达到硬度为 HRC38～43 外，零件整体则需要调质处理，要求硬度为 HRC20～24。

通过以上分析可以看出，轴套类零件的视图表达比较简单，它主要是按加工状态来选择主视图。尺寸标注主要是径向和轴向两个方向，基准选择也比较容易。技术要求的内容相对比较复杂。

2. 盘类零件

下面以图 1-74 所示法兰盘零件图为例，介绍识读盘类零件图的方法和步骤。

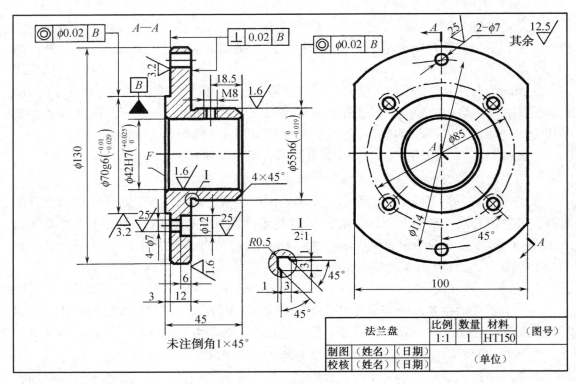

图 1-74　法兰盘零件图

1）看标题栏

由标题栏可知，零件的名称为法兰盘，材料为 HT150，数量为 1 件，画图比例为 1：1。

2）看视图

从图形表达方案看，因盘类零件一般都是短粗的回转体，主要在车床或镗床上加工，故主视图常采用轴线水平放置的投影方向，符合零件的加工位置原则。为清楚表达零件内部结构，主视图采用了全剖（单一剖或旋转剖表达方法）；为表达外部轮廓，选取了一左视图，盘上安装孔的位置便清晰可见。如果盘上各孔的位置在主视图上已由尺寸标注表达清楚，那么，左视图可以省略。对细小结构可采用局部放大图表示，如退刀槽的放大图。

3）看尺寸标注

盘类零件的径向尺寸基准为轴线，在标注圆柱体的直径时，一般都标注在投影为非圆的视图上；轴向尺寸一般以零件的结合面为主基准，法兰盘的轴向主要基准为 $\phi130$ 圆盘的左端面。同时，F 面又为工艺基准，尺寸 45 由此标注；螺孔 M8 的轴向定位尺寸是 18.5，是以 $\phi55h6$ 右端面为工艺基准的。

4）看技术要求

为保证电机的安装精度，对与法兰盘相结合各部位的有关尺寸的尺寸精度和位置精度都有较高的要求。对 $\phi55h6$ 和 $\phi70g6$ 的圆柱轴线与 $\phi42H7$ 孔的轴线的同轴度及 $\phi130$ 圆盘的两端面与 $\phi42H7$ 孔轴线的垂直度都有较高的要求。各结合面的表面粗糙度也都要求较高。

通过以上分析看出，盘类零件一般选用 1～2 个基本视图，主视图按加工位置绘制，并作剖视。尺寸标注比较简单，对结合面（工作面）的有关尺寸精度、表面粗糙度和形位公差有比较严格的要求。

1.9   装配图

装配图是指用于表达机器或部件连接、装配关系的图样。在设计过程中，一般先画出装配图，然后根据装配图拆画零件图；制造机器设备时，先根据零件图加工零件，然后再根据装配图将零件装配成机器或部件。因此，装配图和零件图一样，是进行装配、调试、检验、安装和维修的重要技术文件，也是表达设计思想、指导生产和进行技术交流的重要资料。

1.9.1   装配图的内容

图 1-75 所示的是滑动轴承的装配图，从图中可以看出，一张完整的装配图一般应包括以下内容。

1. 一组图形

用各种表达方法来正确、完整、清晰地表达机器或部件的工作原理、各零件的装配关系、零件的连接方式、传动路线及零件的主要结构形状等。

2．必要的尺寸

装配图上只需标注出表示机器或部件的性能、规格及装配、检验、安装时所必需的一些尺寸。

3．技术要求

用文字或符号说明机器或部件的性能、装配和调整要求、验收条件、试验和使用时应达到的技术条件。

4．标题栏和明细栏

装配图的标题栏和明细栏包括零件序号、名称、数量、材料及其说明、机器或部件的名称、图号、比例、责任者签名等。

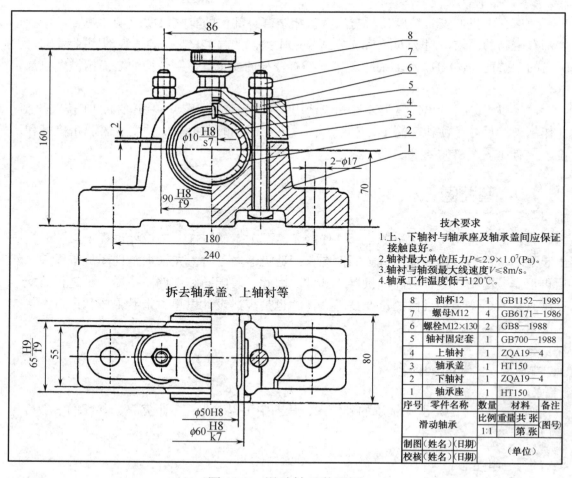

图 1-75　滑动轴承装配图

1.9.2 识读装配图的步骤

在进行机器的设计、装配、检验、使用、维修和技术革新的活动中，都要看装配图。要看懂一张装配图，必须了解该装配图所表达的机器或部件的规格、性能、功用及工作原理等；了解和熟悉零件间的相互位置、装配关系及运动状况；分析各零件的作用和主要零件的结构。

看装配图时仍然要用投影的原理进行形体分析。由于装配图比一般的零件图复杂，因此识读时应按一定的方法和步骤进行。下面结合滑动轴承装配图的实例，介绍识读装配图的方法和步骤。

1．概括了解

先看标题栏、明细栏及产品说明书等技术文件，浏览全部视图，以对装配图有一个初步的认识。通过看标题栏等可了解到装配体的名称、比例、数量和大概的用途；通过看明细栏，可以了解到标准件和非标准件的名称、数量、材料及技术要求；再通过浏览视图，分析视图的表达方法及配置关系，弄清各视图表达的重点。

从滑动轴承装配图的标题栏、明细栏及视图中，可了解到该装配图的比例是 1：1；主要由 8 种零件组成；该装配图采用了一个半剖的主视图和一个右半部拆去轴承盖、上轴衬等的俯视图来进行表达的。

2．了解工作原理和装配关系

在概括了解的基础上，通过看各条装配线，弄清零件间的相互配合、定位、连接方式等，再进一步分析装配件的工作原理和装配关系。

滑动轴承的上、下轴衬安装在轴承座和轴承盖之间，轴承盖与轴承座之间是利用止口（轴承盖的结合面是凸台，而轴承座的结合面是凹槽）定位，并用螺栓和螺母连接在一起。轴承座通过 ϕ17 孔固定在机架上不动，轴颈（轴上被轴承支承的部分）与轴衬配合并转动，轴与轴衬间是滑动摩擦，故称为滑动轴承。轴承上端有一油杯，可以对轴承运动部分进行润滑。轴衬与轴承座和轴承盖是较紧的过渡配合（H8/k7），所以轴衬不动。

3．深入分析视图，看懂零件结构

深入分析视图，了解各视图的表达意图，了解各零件的主要作用，帮助分析零件结构。分析零件时可按"先简单，后复杂"的顺序进行。

滑动轴承的主视图采用半剖视图进行表达，这样既表达了装配件的外部结构，又表达了内部结构。从半剖视图上可以看出轴承座、轴承盖、上轴衬、下轴衬、轴衬固定套及螺栓和螺母间的定位、装配关系；轴承盖与轴承座结合面左、右两边留有 2mm 的间隙，其作用是调节轴承与轴颈间的间隙，当轴衬磨损后，可通过锉削上、下轴衬结合面及轴

承盖与轴承座的结合面，以缩小相互间的距离而达到调整间隙的目的。此外，轴承座与轴承盖止口配合要求为 H9/f9，目的是保证上、下衬内孔的圆度及中心一致；油杯与轴承盖用螺纹连接，轴衬固定套与轴承盖孔是过盈配合 H8/s7。用两根螺栓将轴承座与轴承盖连接在一起，并用双螺母防松。

俯视图是将右半部分拆去轴承盖及上轴衬后投影得到的，这样左半部分反映了轴承盖及轴承座的外部结构；右半部分既反映了轴承座结合面的形状结构，又反映了轴衬的结构，即内外表面上有油槽，以便储存润滑油进行润滑；轴衬与轴承盖及轴承座的配合为 H8/k7，两端卡在轴承座及轴承盖上，这样不会发生轴向移动。

其他零件的结构形状同样可按上述方法进行分析。

1.10　其他图样

制作各种钣金件或其他薄板制件（如水箱、管道、防护罩等）时，首先应根据下料图进行下料，其下料图通常应采用展开图。展开图是按制件表面的全部或局部的真实形状和大小，依次平摊在一个平面上所得到的图形。

这里主要介绍用平行线、放射线和三角形等作图方法，画出圆柱、圆锥和棱台等基本几何体的展开图。

1. 平行线法

适用于素线使直线且相互平行的几何体展开，如圆柱体、棱柱体等。图 1-76 所示的是斜口圆筒的展开图。

斜口圆筒的展开是将圆筒的圆周分成十二等分，并通过等分点在圆筒的表面上作与轴线平行的素线 I I 、 II II 、 III III ……若从 I I 处剪开并将圆筒展平，则在其展开图上，相应地出现一组平行素线，这些平行素线之间的距离均等于周长的 1/12，只是各素线段的长度不等而已，这些长度从斜口圆筒的主视图上均能找到。作斜口圆筒的展开图步骤如下：

① 作斜口圆筒的主视图与俯视图，如图 1-76（c）所示。

② 将俯视图上的圆周分作十二等分，并在主视图上作出从等分点引出的平行线 1′1′、2′2′……

③ 作展开图，先做一段线段使其长度等于圆筒的周长 πD，将其分成十二等分，过各等分点作垂线，在各垂线上分别截取 I I 、 II II 、 III III ……使它们的长度与主视图 1′1′、2′2′、3′3′……相等，最后将各垂线的末端 I 、 II 、 III ……各点连成一条光滑的曲线，这样就完成了展开图。

2. 放射线法

适用于圆锥体的制件，如锥管类工件。图 1-77 所示的是正圆锥，它是一个扇形。该扇形的半径等于主视图中轮廓素线 $O'7'$ 的长度，而扇形的弧长则等于俯视图上的圆周长（πD）。

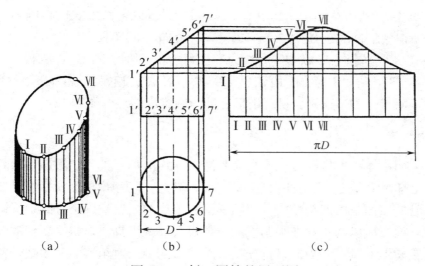

图 1-76 斜口圆筒的展开图

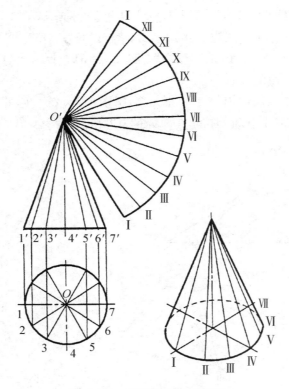

图 1-77 正圆锥的展开图

作正圆锥的展开图步骤如下。

① 作正圆锥的主视图和俯视图（图 1-77）。

② 将俯视图上的圆周分作十二等分，并按投影关系在主视图上找出 1、2、3……7

的对应投影 1′、2′、3′……7′。然后在主视图上连接 1′O′、2′O′、3′O′、4′O′……7′O′。从主视图上看，O′7′、O′1′ 是反映素线实长的，因为正圆锥的各素线等长，所以它们同时也是 O′2′、O′3′……O′6′ 的实长。

③ 取一点 O′ 为圆心，以 O′7′ 长为半径画圆弧，然后近似地以弦代弧，在圆弧上量取 ⅠⅡ、ⅡⅢ……ⅫⅠ 等十二段弦长，令其均等于底圆上两相邻等分点之间的距离，将起点、终点两点与 O′ 连接，得一扇形，即为圆锥面的展开图。

3. 三角形法

适用于平面锥体和不规则变形接头等制件。图 1-78 所示的是正方四棱台管的轴测图和投影图。已知尺寸是上、下底边的长度 a、b，高为 h。从图 1-78 所示中不难看出，该正方四棱台管的表面是由四个相同的等腰梯形所组成的。但这四个等腰梯形同时都不平行于基本投影面，所以在主视图和俯视图中都没有反映出真实形状。要作展开图，就得设法求出等腰梯形的实形。为此，首先把等腰梯形的两个对角连成一条线，使一个梯形变成两个三角形。求出两个三角形各边实长，便可作出等腰梯形，从而作出展开图。

由图 1-78 所示可看出，三角形 ⅠⅡⅢ 的 ⅠⅡ 边是侧垂线，所以投影 12 和 1′2′ 均反映实长。只要把 ⅠⅢ、ⅡⅢ 两边的实长求出，即可作出三角形的实形。在图 1-78 所示的主视图右侧截取 k′Ⅲ′=h，由 Ⅲ′ 点截取 Ⅲ′Ⅰ′=31，连接 k′Ⅰ′ 便是 ⅠⅢ 的实长。用同样的方法求出 ⅡⅢ 边的实长。

作展开图：用已知三边作出 △ⅠⅡⅢ，再用同样的方法，以 ⅡⅢ 为已知边，作出 △ⅡⅢⅣ，即得到梯形 ⅠⅡⅢⅣ 的实形。连续进行三角形作图，即可得到四棱台管的展开图，如图 1-79 所示。

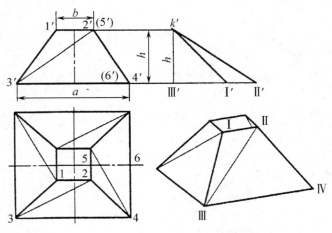

图 1-78 正方四棱台管的投影图

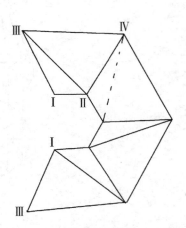

图 1-79 四棱台管的展开图

习题 1

1．思考题

（1）生产中常用的机械图样有哪两类，各有何特点？

（2）分析 A1 幅面是 A2 幅面的几倍，A2 幅面又是 A3 幅面的几倍？

（3）什么是比例？比例有哪几种？

（4）以 2∶1 的比例和 1∶2 的比例绘制一张机件平面图样，哪一个大，为什么？

（5）图样中书写字体有何要求？

（6）尺寸三要素指的是什么？

（7）标注尺寸的基本规则有哪些？

（8）什么是斜度，什么是锥度？

（9）投影法分为哪几种？

（10）正投影法与斜投影法有何区别，在绘制机械图样时普遍采用哪种投影法？

（11）什么是三视图，其投影规律如何？

（12）什么是三视图的"三等"关系？

（13）什么是平面立体？什么是曲面立体？

（14）什么是组合体？组合体有哪几种类型？

（15）组合体视图中的尺寸有哪几种？

（16）视图主要有哪几种？斜视图和局部视图有何区别？

（17）剖视图分为哪几种，分别在什么情况下采用？

（18）什么是断面图，有哪几类？

（19）螺纹的基本要素有哪些？

（20）常用螺纹紧固件有哪些？

（21）键连接有何作用，常用的键有哪几种？

（22）销连接有何作用，常用的销有哪几种？

（23）常见的弹簧有哪几种？

（24）滚动轴承一般由哪几部分组成？

（25）什么是标准公差和基本偏差？

（26）什么是配合，配合分为哪几类？

（27）零件的几何公差有哪些？

（28）什么是零件图，一张完整的零件图应包含哪些基本内容？

（29）什么是装配图，装配图应包含哪些内容？

（30）什么是展开图，画展开图有哪几种方法？

2. 技能训练题

（1）线形练习：抄绘图 1-80，并标注尺寸。

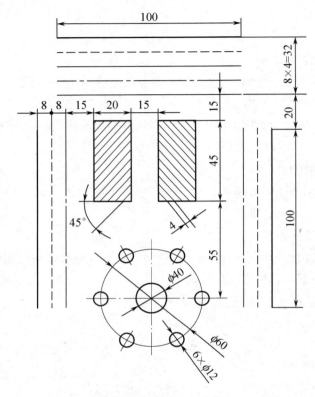

图 1-80　第（1）题图

（2）将图 1-81 所示中的线段 AB 七等分。

（3）画出图 1-82 所示中的圆的内接正六边形。

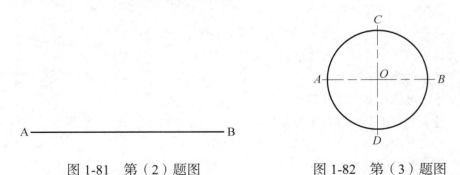

图 1-81　第（2）题图　　　　　图 1-82　第（3）题图

（4）参照图 1-83 所示的示意图，作 1∶4 斜度图形。

（5）参照图 1-84 所示的示意图，作 1∶3 锥度图形。

（6）参照图 1-85 所示的示意图，把轴测图上的尺寸标注在视图上。

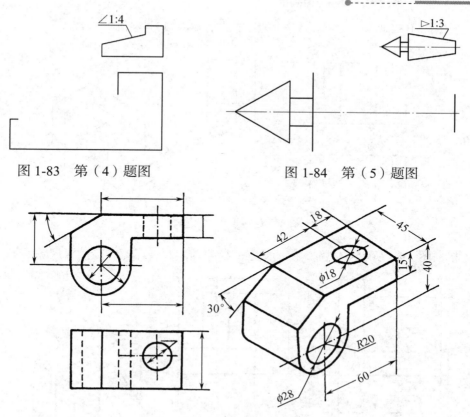

图 1-83 第（4）题图   图 1-84 第（5）题图

图 1-85 第（6）题图

（7）在图纸上按 1∶1 的比例画出图 1-86 所示的图形，并标注尺寸。

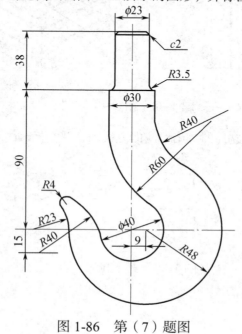

图 1-86 第（7）题图

（8）根据图 1-87 所示立体图，在三视图中的括号内填写物体的方位。

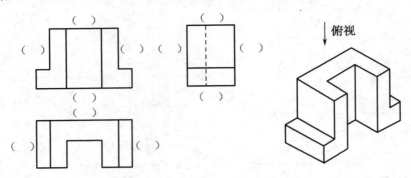

图 1-87　第（8）题图

（9）根据图 1-88 所示立体图，在视图中的括号内填写长、宽、高的对应关系。

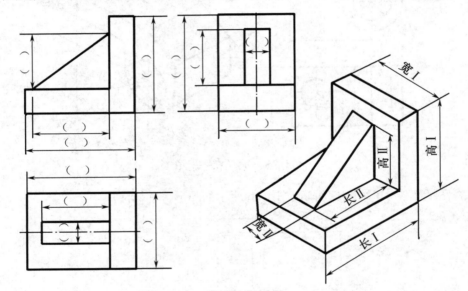

图 1-88　第（9）题图

（10）根据图 1-89 所示立体图找出对应的三视图，并在括号内填写对应的编号。

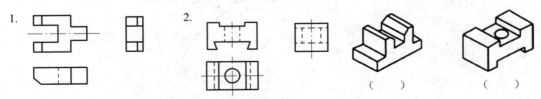

图 1-89　第（10）题图

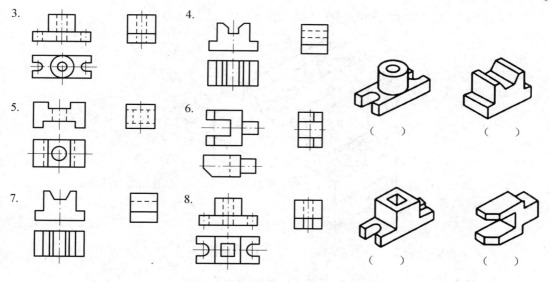

图 1-89 第（10）题图（续）

（11）根据图 1-90 所示的两个视图，补全第三个视图。

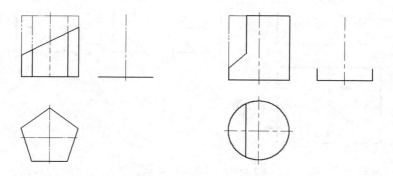

图 1-90 第（11）题图

（12）根据图 1-91 所示中给出的视图，补全三视图中的缺线。

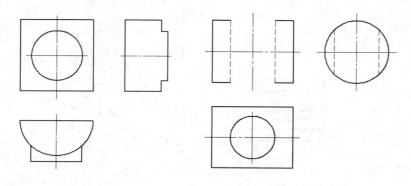

图 1-91 第（12）题图

（13）根据图 1-92 所示的轴测图在图纸上按 1：1 的比例绘制三视图。

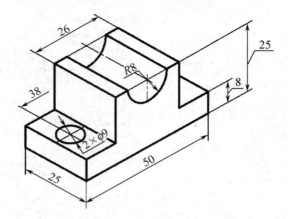

图 1-92　第（13）题图

（14）根据图 1-93 所示中的两个视图，补画第三个视图。

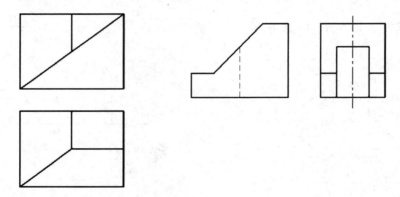

图 1-93　第（14）题图

（15）根据图 1-94 所示的主视图绘制全剖视图。

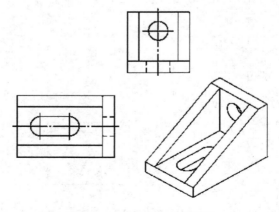

图 1-94　第（15）题图

（16）根据图 1-95 所示的主视图、左视图绘制全剖视图。

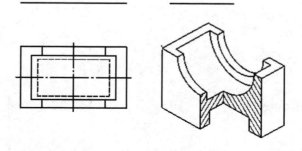

图 1-95　第（16）题图

（17）根据图 1-96 所示的主视图绘制全剖视图。

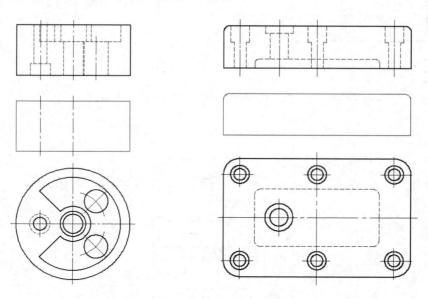

图 1-96　第（17）题图

（18）如图 1-97 所示，在指定位置画出断面图。图中左端键槽深 4mm，右端键槽深 3mm。

（19）在图 1-98 所示的图形，分析螺纹画法中的错误，并在指定位置画出正确的图形。

（20）解释下列螺纹代号的含义：M24－6H、M30×2－5g6g、G3/4A、

T$_r$30×12（P6）。

（21）解释下列滚动轴承代号的含义：7308、6602。

（22）解释下列配合代号的含义：$\phi22\dfrac{H7}{r6}$、$\phi22\dfrac{G7}{h6}$。

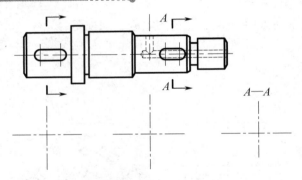

图 1-97　第（18）题图

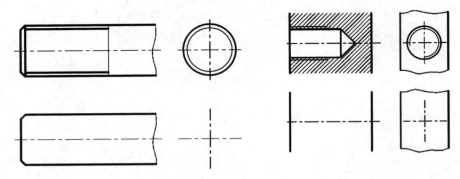

图 1-98　第（19）题图

（23）解释图 1-99 所示中 1、2、3、4 四个形位公差标注的意义。

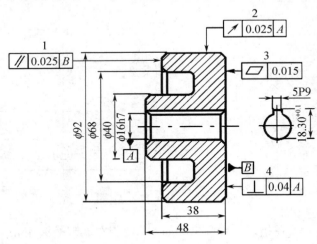

图 1-99　第（23）题图

（24）识读图 1-100 所示零件图并回答下列问题。①读标题栏，指出该零件的名称、绘图比例，并解释材料的含义；②分析该零件图的表达方法；③找出零件图上所有的定位尺寸；④说明零件的高度和长度方向的尺寸基准；⑤说明尺寸 $\phi 31H8$ 的含义。

（25）识读图 1-101 所示装配图，回答以下问题。①分析该装配图的表达方法；②说明件

2 的材料和作用；③说明 B-B 图的表达目的；④解释 $\phi16H7/n6$ 的含义；⑤说明件 14 上的小孔的作用。

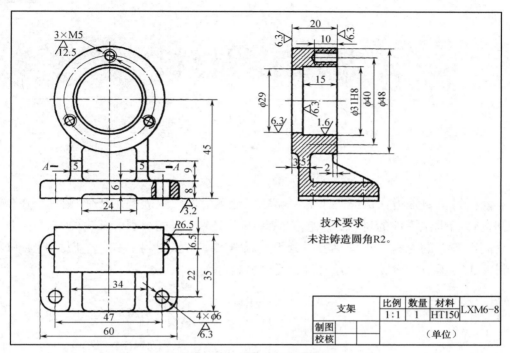

图 1-100　第（24）题图

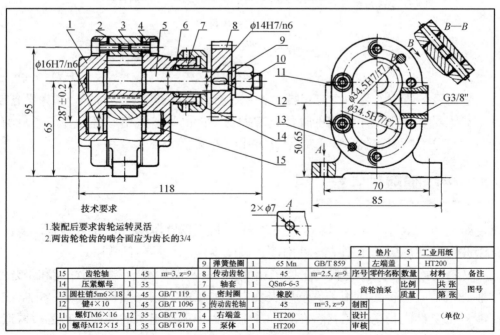

图 1-101　第（25）题图

（26）已知圆锥台尺寸为：$D=\phi50$，$d=\phi30$，$h=30$。试按 1：1 的比例作其展开图。

第 2 章

常用工程材料

工程材料主要是指在机械、车辆、船舶、化工、电气仪表等工程领域中，用于制造工程结构件和机械零件的材料，也包括一些用于制造工具的材料和具有特殊性能（如耐蚀、耐高温等）的材料。工程材料可分为金属材料（钢铁材料、有色金属材料）和非金属材料（工程塑料、橡胶、陶瓷材料、复合材料等）。

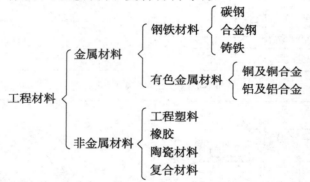

电子电器设备所用的材料主要包括结构钢、有色金属和工程塑料等。作为设备制造、操作及维修人员，熟悉常用材料的性能，掌握材料的品种、规格、牌号和使用范围，对合理选材、充分发挥材料性能，有着十分重要的意义。

2.1 金属材料的性能

纯金属和合金统称为金属材料。由于金属材料不仅资源丰富，而且具有许多良好的性能，因此被广泛地应用于制造各种构件、机械零件、工具和日常用具。

金属材料的性能是选择材料的主要依据，金属材料的性能包含使用性能和工艺性能。使用性能是指金属材料在使用条件下所表现出来的性能，它包括物理性能、化学性能和力学性能；工艺性能是指金属材料在各种加工过程中表现出来的性能，它包括铸造性、锻造性、焊接性能、切削加工性和热处理性等。

2.1.1 金属材料的物理、化学性能

1. 金属材料的物理性能

金属材料的物理性能是金属材料本身所固有的属性，包括密度、熔点、导热性、热膨胀性、导电性、磁性等，如表2-1所示。

表 2-1 金属材料的物理性能

类　别	含　义	相 关 知 识
密度	单位体积物质所含的质量	其单位为 kg/m^3。根据密度的大小，金属材料可分为轻金属（密度小于 $4.5g/cm^3$，如铝、镁等）和重金属（密度大于 $4.5g/cm^3$，如铁、铅等）。金属材料的密度直接关系到用它们所制造的构件和零件的自重。轻金属主要用在航天航空器上
熔点	金属材料从固态向液态转变时的温度	纯金属都有固定的熔点。熔点高的金属称为难熔金属，如钨、钼、钒等，可以用来制造耐高温零件；熔点低的金属称为易熔金属，如锡、铅等，可用于制造保险丝和防火安全阀零件等
导热性	金属材料在加热或冷却时能够传导热量的性能	导热性用热导率来衡量，符号为"λ"，单位是 $W/m \cdot K$。热导率越大，导热性越好。金属的导热性以银为最好，铜、铝次之。合金的导热性比纯金属差。导热性好的金属散热也好，因此可用来制造散热器零件，如冰箱、空调的散热片
热膨胀性	金属材料随着温度变化而膨胀、收缩的特性	热膨胀性用线胀系数和体胀系数来表示，由膨胀系数大的材料制造的零件，在温度变化时，尺寸和形状变化较大，在实际工作中有时必须考虑热膨胀的影响。例如，精密测量工具就要选用热膨胀系数较小的金属材料来制造
导电性	金属材料传导电流的能力	导电性用电阻率来表示，电阻率越小，金属材料的导电性能越好。金属的导电性以银为最好，铜、铝次之。合金的导电性比纯金属差。电阻率小的金属（如铜、铝）用于制造导电零件和电线；电阻率大的金属或合金（如钨、钼等）用于制造电热元件
磁性	金属材料在磁场中受到磁化的性质	金属材料分为铁磁性材料（在外磁场中能强烈地被磁化，如铁、钴等）、顺磁性材料（在外磁场中只能微弱地被磁化，如锰、铬等）和抗磁性材料（能抗拒或削弱外磁场对材料本身的磁化作用，如铜、锌等）三类。铁磁性材料可用于制造变压器、电动机、测量仪表等。抗磁性材料可用于制造要求避免电磁场干扰的零件和结构材料，如航海罗盘

2．金属材料的化学性能

金属材料的化学性能是指金属材料在化学作用下所表现出来的性能，如耐腐蚀性、抗氧化性和化学稳定性，如表 2-2 所示。

表 2-2　金属材料的化学性能

类别	含　义	相 关 知 识
耐腐蚀性	金属材料在常温下抵抗氧、水蒸气及其他化学介质腐蚀破坏作用的能力	金属材料在常温下会发生如钢铁生锈等腐蚀现象，腐蚀作用对金属材料的危害很大，它不仅使金属材料本身受到严重损伤，严重时还会使金属构件遭到破坏。为提高金属的防锈、防腐能力，往往采用涂油、涂漆及表面处理等方法
抗氧化性	金属材料在加热时抵抗氧化作用的能力	金属材料的氧化随温度的升高而加速，例如，钢材在热加工（锻造、焊接等）时，氧化比较严重，不仅造成材料的过度损耗，还会形成各种缺陷。因此，在加热时，常在其周围形成一种还原气体或保护气体，以避免金属材料的氧化
化学稳定性	金属材料的耐腐蚀性和抗氧化性的总称	金属材料在高温下的化学稳定性称为热稳定性。在高温条件下工作的设备上的零部件需要选择热稳定性好的材料来制造

2.1.2　金属材料的力学性能

金属材料在外力作用下所表现出来的性能称为力学性能，包括强度、塑性、硬度、韧性和疲劳强度等。金属材料在加工和使用过程中所受的作用力称为载荷（或称负载），根据载荷作用性质不同，可分为静载荷、冲击载荷和交变载荷。

1．强度

金属材料在静载荷作用下，抵抗永久变形或断裂的能力称为强度。根据载荷作用方式的不同，强度可分为抗拉强度、抗压强度、抗剪强度和抗扭强度 4 种。一般情况下，常以抗拉强度作为判断金属强度高低的指标。

抗拉强度通过拉伸试验测定，表示材料在拉伸条件下所能承受的最大应力。强度的大小用应力（单位面积上的内力）σ 来表示。强度指标主要有屈服点（σ_S）和抗拉强度（σ_b）两种，它们是金属材料力学性能的重要指标之一，也是机械零件设计、选材的主要依据。

2. 塑性

金属材料在静载荷作用下，产生永久变形而不破坏的能力称为塑性。衡量金属材料塑性的指标有伸长率（δ）和断面收缩率（φ）。

金属材料的伸长率和断面收缩率越大，表示材料的塑性越好。塑性好的金属可以发生大的塑性变形而不破坏，便于经过挤压、冷拔等加工成复杂形状的零件。同时，塑性好的材料在受力过大时，由于首先产生塑性变形而不至于发生突然断裂，因此比较安全。

3. 硬度

金属材料抵抗比它更硬的物体压入其表面的能力称为硬度。硬度是衡量金属材料软硬程度的指标，它是材料塑性、强度等性能的综合体现。一般情况下，金属材料的硬度越高，耐磨性越好，强度也越高。

根据测试方法和原理的不同，硬度常用布氏硬度（HB）、洛氏硬度（HRC、HRB、HRA）、维氏硬度（HV）三种指标表示。

4. 韧性

金属材料在冲击载荷作用下，抵抗冲击能量而不被破坏的能力称为韧性。用冲击韧度（a_k）表示。冲击韧度值越大，表示材料的韧性越好。

5. 疲劳强度

金属材料在交变载荷作用下，可以经受无数次应力循环而不破坏的最大应力称为疲劳强度。用符号 σ_{-1} 表示。金属材料的疲劳强度与材料的成分、组织、表面状态有关。

由于疲劳断裂是突然发生的，具有很大的危险性，因此要选择抗疲劳强度较好的材料来制造承受交变载荷的零件。

金属材料常用力学性能指标及含义如表 2-3 所示。

表 2-3 金属材料常用力学性能指标及含义

力学性能	性能指标			含　义
	符号	名称	单位	
强度	σ_s	屈服点	Pa	材料产生屈服现象时的最小应力
	$\sigma_{0.2}$	条件屈服点	Pa	试样产生 0.2%塑性变形时的应力
	σ_b	抗拉强度	Pa	材料在拉断前所承受的最大应力
塑性	δ	断后伸长率	×100%	试样拉断后的伸长量与原标距长度的百分比
	φ	断面收缩率	×100%	试样拉断后缩小的面积与原面积的百分比

续表

力学性能	性能指标			含　义
	符号	名称	单位	
硬度	HB	布氏硬度		球面凹痕单位面积上所承受的压力
	HRA	洛氏硬度		根据压痕深度来确定的硬度
	HRB			
	HRC			
	HV	维氏硬度		四棱锥压痕表面积所担负的平均压力
韧性	a_k	冲击韧性	J/cm^2	冲断试样单位面积上所消耗的冲击功
疲劳强度	σ_{-1}	疲劳强度	MPa	金属经受多次交变载荷作用而未发生断裂的最大应力

2.1.3　金属材料的工艺性能

金属材料的工艺性能是指金属材料在各种加工过程中表现出来的性能。它包括铸造性、锻造性、焊接性、切削加工性和热处理性等。

1．铸造性

金属材料铸造成型获得优良铸件的能力称为铸造性。衡量铸造性能的主要指标有流动性、收缩性和偏析。一般来说，金属材料流动性好，收缩率和偏析倾向小，则铸造性能就好。常用金属材料中，灰铸铁具有优良的铸造性能，铸钢的铸造性低于铸铁。

2．锻造性

金属材料用锻压加工方法加工成零件或零件毛坯的难易程度称为锻造性。锻造性能的好坏主要与金属的塑性和变形抗力有关。塑性越好，变形抗力越小，金属的锻造性能越好。在钢铁材料中，低碳钢的锻造性最好，铸铁不能进行锻造。

3．焊接性

金属材料在一定的焊接工艺条件下，获得优质焊接件的难易程度称为焊接性或可焊性。对碳钢和低合金钢，焊接性主要与金属的化学成分有关，低碳钢具有良好的焊接性，高碳钢、铸钢的焊接性较差。

4．切削加工性

金属材料切削加工的难易程度称为切削加工性。切削加工性与金属材料的硬度、韧性等力学性能有关，一般认为金属材料具有适当的硬度（170HBS～220HBS）和足够的脆性时较易切削，硬度过高或过低的金属材料都会给切削加工带来一定的困难。

2.2 常用金属材料

金属材料是最重要的工程材料，习惯上将金属及其合金分为两大类：

钢铁金属——主要是铁和铁为基的合金，如钢、铸铁等。

有色金属——钢铁材料以外所有金属及其合金，如铜、铝、镁及其合金。

随着现代工业的快速发展，新金属材料的不断涌现，金属材料的分类也趋于多样化。

金属材料中 90%左右为钢铁材料。钢铁材料是钢和铸铁的统称，它们是由铁和碳元素为主，并含有少量的硅、锰、硫、磷等杂质元素的铁碳合金，其中含碳量小于 2.11%的称为钢，含碳量大于 2.11%的称为铸铁。

钢的分类方法很多，常用的分类方法如表 2-4 所示。

表 2-4 金属材料常用分类方法

分类方法	类型	类型特征
化学成分	碳素钢	$\omega_c<2.11\%$，而不含有特意加入合金元素的铁碳合金
	合金钢	为改善钢的性能而在碳钢的基础上加入一种或几种合金元素
含碳量	低碳钢	$\omega_c<0.25\%$
	中碳钢	$0.25\%\leqslant\omega_c\leqslant0.6\%$
	高碳钢	$\omega_c>0.6\%$
质量（硫磷含量）	普通钢	S≤0.050%，P≤0.045%
	优质钢	S≤0.040%，P≤0.040%
	高级优质钢	S≤0.030%，P≤0.035%
用途	结构钢	主要用于制造各种机械零件和工程结构件
	工具钢	主要用于制造各种刀具、模具和量具
	特殊性能钢	具有某些特殊物理、化学性能的钢

此外，钢还可按冶炼方法、冶炼时的脱氧程度、成型方法等进行分类。在实际使用中，往往将成分、用途、质量等几种分类方法结合起来。如将钢称为普通碳素结构钢、优质碳素结构钢、碳素工具钢、合金结构钢等。

本节主要对电子电器设备中常采用的结构钢与其他一些常用金属材料的牌号、成分、性能、用途等进行简要介绍。

2.2.1 普通碳素结构钢

普通碳素结构钢的碳质量分数在 0.06%～0.38%之间，S、P 等有害杂质含量较高。这类钢出厂时主要保证力学性能，使用时一般不经过热处理。因价格便宜，产量较大，具有良好的焊接性能和压力加工性能，因而大量用于工程结构件和一般机械零件。

普通碳素结构钢的牌号用"Q+数字"表示，其中"Q"为屈服点"屈"字的汉语拼音的首字母，"数字"表示屈服强度的数值。例如，Q215 表示屈服强度为 215 MPa。牌号后面标注的字母 A、B、C、D 表示钢材质量等级，其中 A 级质量最差，D 级质量最好。若在牌号后面标注字母"F" 则表示脱氧方法为沸腾钢，标注"b"为半镇静钢，标注"Z"或不标注为镇静钢。

例如：Q235—A·F 表示屈服强度为 235MPa，质量等级为 A 级，脱氧方法为沸腾钢的普通碳素结构钢。

普通碳素结构钢的质量等级、化学成分、力学性能及用途举例如表 2-5 所示。

表 2-5　普通碳素结构钢的质量等级、化学成分、力学性能及用途举例

牌号	等级	化学成分（%）					拉伸试验			用途举例
		C	Mn	Si	S	P	σ_s（Mpa）	σ_b（Mpa）	δ（%）	
				不大于						
Q195		0.06～0.12	0.25～0.50	0.30	0.050	0.045	195	315～390	33	用于制作钉子、铆钉、垫块及轻负荷的冲压件
Q215	A	0.09～0.15	0.25～0.55	0.30	0.050	0.045	215	335～410	31	
	B				0.045					
Q235	A	0.14～0.22	0.30～0.65	0.30	0.050	0.045	235	375～460	26	用于制作小轴、拉杆、连杆、螺栓、螺母、法兰等零件
	B	0.12～0.20	0.30～0.70		0.045	0.045				
	C	≤0.18			0.040	0.040				
	D	≤0.17	0.35～0.80		0.035	0.035				
Q255	A	0.18～0.28	0.40～0.70	0.30	0.050	0.045	255	410～510	24	用于制作拉杆、连杆、转轴、心轴、齿轮和键等
	B				0.045					
Q275		0.28～0.38	0.50～0.80	0.35	0.050	0.045	275	490～610	20	

2.2.2 优质碳素结构钢

优质碳素结构钢一般含碳量小于 0.7%，出厂时既保证化学成分又保证力学性能，钢

中的 S 、P 等有害杂质的含量较少，化学成分稳定，塑性、韧性较好。优质碳素结构钢主要用来制造各种较重要的机器零件。

优质碳素结构钢的牌号用两位数字（平均含碳量的万分数）表示。若钢中锰质量分数较高，则在数字后附加符号"Mn"，如 15Mn、45Mn 等。若为高级优质碳素结构钢，则在其牌号后面加符号 A。

例如，20 表示碳质量分数为 0.2%的优质碳素结构钢。

50MnA 表示含碳量为 0.5%，含锰量较高的高级优质碳素结构钢。

优质碳素结构钢的化学成分、性能、用途举例如表 2-6 和表 2-7 所示。

表 2-6 常见优质碳素结构钢的化学成分

牌号	化学成分（%）				
	C	Mn	Si	S	P
08F	0.05 ~ 0.11	≤0.40	≤0.03	≤0.040	≤0.04
10	0.07 ~ 0.14	0.35 ~ 0.65	0.07 ~ 0.37	≤0.040	≤0.035
20	0.17 ~ 0.24	0.35 ~ 0.65	0.07 ~ 0.37	≤0.040	≤0.04
35	0.32 ~ 0.40	0.50 ~ 0.80	0.07 ~ 0.37	≤0.040	≤0.04
40	0.37 ~ 0.45	0.50 ~ 0.80	0.07 ~ 0.37	≤0.040	≤0.04
45	0.42 ~ 0.50	0.50 ~ 0.80	0.07 ~ 0.37	≤0.040	≤0.04
50	0.47 ~ 0.55	0.50 ~ 0.80	0.07 ~ 0.37	≤0.040	≤0.04
60	0.57 ~ 0.65	0.50 ~ 0.80	0.07 ~ 0.37	≤0.040	≤0.04
65	0.62 ~ 0.70	0.50 ~ 0.80	0.07 ~ 0.37	≤0.040	≤0.04

表 2-7 常见优质碳素结构钢的性能及用途

牌号举例	性 能	用 途
08F	塑性好	用于制作薄板、薄带、冷变形材、冷拉钢丝、冷冲压件、压延件等
10 20	强度、硬度低,塑性、韧性及焊接性良好	冲压件、焊接件。用于制作强度要求不高的机械零件及渗碳件，如仪表外壳、汽车车身、样板等
35 40 45 50	较高的强度、硬度，调质后，得到较好的综合力学性能	用于制作受力较大的机械零件，如轴、齿轮、套筒等
60 65	较高的强度、硬度和弹性，但焊接性差，冷变形、塑性低	用于制作较高的强度、耐磨性和弹性的零件，如弹簧等

注：08F 中的"F"表示沸腾钢。

2.2.3　碳素工具钢

碳素工具钢为含碳量一般在 0.7%～ 1.3%的碳钢，主要用于制造刀具、模具和量具，其硬度较高，耐磨性好，都是优质钢或者高级优质钢。

碳素结构钢的牌号用"T＋数字"表示，其中"T"为碳素工具钢"碳"的汉语拼音的首字母，"数字"表示平均含碳量的千分数，若为高级优质碳素工具钢，则在其牌号后面加符号 A。

例如，T8A 表示含碳量为 0.8%的高级优质碳素工具钢。

碳素工具钢的牌号、性能及用途如表 2-8 所示。

表 2-8　常见碳素工具钢的性能及用途

牌号举例	性　能	用　途
T7 T8 T10 T10A T12 T12A	高硬度和高耐磨性	用于制作刀具、模具、量具等，如锤子、手工锯条、钻头、锉刀等

2.2.4　合金结构钢

合金结构钢是在碳素结构钢的基础上，有目的地加入某一种或多种合金元素而得到的钢。主要用于制造重要的机械零件和工程结构件。用这类钢代替碳素结构钢，不但使材料的各种性能提高了，而且也减轻了机件或结构件的自重，节约了钢材，降低了费用。按用途和热处理特点，合金结构钢可分为低合金结构钢、合金渗碳钢、合金调质钢、合金弹簧钢等。

合金结构钢的牌号用"两位数字+元素符号（或汉字）+数字"表示，其中前面的"两位数字"表示钢的平均含碳量的万分数，"元素符号（或汉字）"表示所含的合金元素符号，后面的"数字"表示合金元素的平均含量的百分数，当合金元素含量小于 1.5%时不标出，如果平均含量为 1.5%～2.5%时则标为 2，如果平均含量为 2.5%～3.5%时则标为 3，以此类推。

例如，60Si2Mn 表示平均含碳量为 0.6%，含硅（Si）为 2%，含锰（Mn）小于 1.5%的合金结构钢。

2.2.5 合金工具钢

合金工具钢广泛用于制作刃具、冷、热变形模具和量具。其淬硬性、淬透性、耐磨性和韧性均比碳素工具钢高。合金工具钢按用途可分为合金刃具钢、合金模具钢和合金量具钢。

合金工具钢的牌号用"一位数字（或没有数字）+元素符号（或汉字）+数字"表示，其中前面的"一位数字"表示钢的平均含碳量的千分数，当含碳量大于等于1%时，则不标出，后面的"元素符号（或汉字）+数字"的含义与合金结构钢相同。

例如，9SiMn 表示平均含碳量为0.9%，硅（Si）和锰（Mn）的含量均小于1.5%的合金工具钢。

W18Cr4V 表示平均含碳量大于1%，含钨（W）为18%，含铬（Cr）为4%，含钒（V）小于1.5%的合金工具钢。

2.2.6 其他常用钢铁材料

1. 不锈钢

不锈钢是指在大气和其他介质中具有很高的耐腐蚀性的钢种，是不锈耐酸钢的简称。不锈钢在石油化工、医疗、海洋开发及日常生活中都得到了广泛的应用，主要用来制造在各种腐蚀介质中工作并具有较高腐蚀抗力的零件或结构。例如，家用电动洗衣机中的波轮轴、汽轮机叶片、手术刀等。

对不锈钢的性能要求主要是耐腐蚀性。此外，制造重要结构零件时还要求高强度及较好的切削加工性等。不锈钢的耐腐蚀性能主要是靠在钢中加入 Cr、Ni、Mn 等合金元素，使其组织均匀，其中 Cr 是最基本的元素（一般含量要大于13%）。同时，不锈钢耐腐蚀性要求越高，钢中碳的质量分数应越低。不锈钢按组织可分为马氏体不锈钢、铁素体不锈钢、奥氏体不锈钢和双相不锈钢。在电子电器工业中常用的不锈钢牌号有1Cr13、2Cr13、3Crl3、4Crl3、1Cr18Ni9、1Cr18Ni9Ti、1Cr17等。

2. 磁性材料

磁性材料是磁功能材料的简称。磁性是物质的基本属性之一，这一属性与物质其他属性之间相互联系，构成了各种交叉耦合效应和双重或多重效应，如磁光效应、磁电效应、磁声效应、磁热效应等。这些效应的存在又是发展各种磁性材料、功能器件和应用技术的基础。磁性材料在能源、信息和材料科学中都有非常广泛的应用。

磁性材料按用途和性能不同分为软磁材料和硬磁材料（永磁材料）。

（1）软磁材料。软磁材料是指只有在外加磁场作用下才能显示出来的磁性，失去外加磁场后磁性即消失的材料。最常用的软磁材料有电工纯铁和电工硅钢等，广泛应用于制造电机、变压器、继电器等电器元件。

① 电工纯铁。电工纯铁是一种含碳量为 0.025%～0.04%的铁碳合金，纯度越高，磁性越好。主要在直流或低频下作用，用于制造断电器铁芯、电磁铁磁轭等。

② 电工硅钢。电工硅钢是在铁内加入少量的硅冶炼而成的合金钢，磁性能较好。硅钢片就是用电工硅钢轧制而成的厚度在 1mm 以下的薄钢板，工业上大量用来制造变压器和电机等的铁芯。

（2）硬磁材料。硬磁材料也称永磁材料，是指在外加磁场消除后，仍然保持很高的并不易消失的磁性的磁性材料。硬磁材料具有很高的磁能积和较高的磁化强度及磁滞性能，常用来制造永久磁铁、电工仪表、电机等。常用的有铁镍铝永磁合金、铁钴钒永磁合金及近来发展的稀土永磁合金等。

除上述常用的软磁材料和永磁材料外，磁性材料还包括信息磁材料。信息磁材料是指用于光电通信、计算机、磁记录和其他信息处理技术中的存取信息类磁功能材料。信息磁材料包括磁记录材料、磁泡材料、磁光材料等。

2.3 有色金属

有色金属的种类很多，其产量和使用量虽不及黑色金属，但是由于它们具有许多与钢铁材料不同的特殊的性能，如高的导电性和导热性、较低的密度和熔点、良好的力学性能和工艺性能，因此是电子电器工业中的重要原材料之一。在电器工业中，最常用的有色金属是铜、铝及其合金。

2.3.1 铜及铜合金

1. 纯铜

纯铜俗称紫铜（因外观氧化后呈紫红色而得名）。纯铜的密度为 $9.9 \times 10^3 kg/m^3$，熔点为 1083℃，它具有优良的导电性、导热性，良好的塑性，较高的耐腐蚀性，但强度、硬度较低，主要用于制作各种导电材料。

我国生产的工业纯铜的铜含量为 99.5%～99.95%，其牌号有 T1、T2、T3、T4 四种，"T" 为 "铜" 字汉语拼音首字母。T1 纯度最高，T4 纯度最低。纯铜不能采用热处理强化，热处理只限于软化退火处理。纯铜不适合制造受力的结构零件，一般加工成棒、线、板和管等铜制品。

2. 铜合金

工业上广泛采用的是铜合金。常用的铜合金可分为黄铜、青铜和白铜三类。在制造工业中应用较广泛的是黄铜和青铜。

（1）黄铜。黄铜是以锌为主加元素的铜合金。按照化学成分的不同，黄铜分为普通黄铜和特殊黄铜。

① 普通黄铜。普通黄铜是铜和锌的合金。普通黄铜具有良好的力学性能，色泽美观，耐腐蚀性、切削加工性能好，是工业上使用最广泛的一种黄铜。例如，H80，颜色为金黄色，又称金黄铜，可制作装饰品；H70，又称三七黄铜，具有较好的塑性和冷成形性，有弹壳黄铜之称；H62，又称四六黄铜，是普通黄铜中强度最高的一种。

普通黄铜的牌号用"H＋数字"表示，其中"H"为黄铜的"黄"的汉语拼音的首字母，"数字"表示铜的质量分数。

例如，H62表示平均含铜（Cu）量为62%，其余为锌（Zn）的普通黄铜。

② 特殊黄铜。在普通黄铜中再加入少量其他合金元素所组成的合金，称为特殊黄铜。常加入的元素有铝、锰、锡、铅、硅等。它比普通黄铜具有更佳的性能，如加铅可以改善切削性能，加锡提高对海水的抗腐蚀性，加铝、锰、硅则提高强度、硬度和耐磨性。主要用于制造船舶零件、蒸汽机和拖拉机的弹性套管、分流器和导电排等结构零件、耐腐蚀零件等。

特殊黄铜的牌号用"H＋主加元素符号＋铜的百分含量+主加元素的百分含量"表示。

例如，HPb59-1表示平均含铜（Cu）量为59%，含铅（Pb）量为1%，其余为锌（Zn）的铅黄铜。

（2）青铜。青铜是指铜与锌或镍以外的元素所组成的铜合金。它可分为普通青铜（锡青铜）和特殊青铜（无锡青铜）两类。

青铜的牌号用"Q＋主加元素的符号及含量百分数＋辅加元素的百分含量"表示，其中"Q"为青铜的"青"的汉语拼音的首字母。

例如，QSn4-3表示平均含锡（Sn）4%，含锌（Zn）3%，其余为铜的锡青铜。

① 普通青铜（锡青铜）。锡青铜是以锡为主加元素的铜合金。锡青铜在大气及海水中的耐腐蚀性好，广泛用于制造耐腐蚀零件。在锡青铜中加磷、锌、铝等元素，可以改善青铜的耐腐蚀性、流动性及切削加工性，使锡青铜的性能更好。

② 特殊青铜（无锡青铜）。特殊青铜是不含锡的青铜，大多数特殊青铜比锡青铜具有更高的力学性能、耐磨性与耐腐蚀性。根据主加元素的不同，特殊青铜主要有铝青铜、铍青铜、硅青铜和铅青铜等。

（3）白铜。白铜是以镍为主加元素的铜合金。白铜具有优良的耐腐蚀性、耐热性、耐寒性和塑性，并且具有一定的强度，在电力、化工、仪表、医疗工业上应用广泛。

2.3.2 铝及铝合金

铝及其合金是工业中用量最大的有色金属，尤其在航空、电气和机械工程中应用更为广泛。铝是地壳中蕴藏量最多的金属，但由于化学活性很高，冶炼较为困难，故生产成本高，产量低。

1. 纯铝

纯铝呈银白色，具有以下优良性能。

（1）密度为 $2.72 \times 10^3 \text{kg/m}^3$，大约是铁的 1/3，是一种较轻的金属材料。

（2）导电、导热性好，仅次于银、铜和金。因此常用它代替铜作为导电材料。

（3）铝在空气中表面易形成致密的氧化铝薄膜（Al_2O_3），故能隔离空气，具有良好的耐腐蚀性。

（4）纯铝的强度低，但塑性很好，可以冷、热变形加工，并可借加工硬化作用，提高纯铝的强度。

工业纯铝的牌号用"L"（汉语拼音"铝"的首字母）表示。如 L1、L2……L7。L1纯度最高（含 Al 为 99.7%），L7 纯度最低（含 Al 为 98%）。纯铝主要用来制造导电体、电线、电缆，以及耐腐蚀器皿、生活用品和配制铝合金。

2. 铝合金

纯铝的强度很低（σ_b=80～100N/mm²），当加入适量硅、铜、镁、锌、锰等合金元素，形成铝合金，再经过冷变形和热处理，则强度可以明显提高（σ_b=500～600N/mm²）。铝合金按其成分和生产工艺特点，可分为变形铝合金和铸造铝合金两类。前者的塑性好，适于压力加工，后者凝固温度低，塑性差，但充型时流动性好，适于铸造。常用铝合金的种类、性能及用途如表 2-9 所示。

表 2-9　常用铝合金的种类、性能及用途

种类		合金系列	性　能	用　途
变形铝合金	防锈铝（LF）	铝-锰系 铝-镁系	具有适中的强度和优良的塑性，良好的耐腐蚀性。能通过冷变形来提高强度	主要用于制造耐腐蚀性好的容器，如防锈蒙皮及受力小的结构件。常用的有 LF5、LF11、LF21 等
	硬铝（LY）	铝-铜-镁系	密度小；通过淬火、时效处理可以显著提高强度，抗拉强度可达 400 N/mm²；硬铝的耐腐蚀性差	主要用于制造飞机的大梁、隔框、空气螺旋桨及蒙皮等。在仪表、电器设备制造中也广泛应用。常用的有 LY1、LY11 和 LY12 等

续表

种类		合金系列	性　能	用　途
变形铝合金	超硬铝（LC）	铝-铜-镁-锌系	强度比硬铝还高，可达600 N/mm² 左右，故名超硬铝；超硬铝的耐腐蚀性较差	主要用于受力较大的构件及高载荷零件，如飞机大梁、起落架等。常用的有 LC4 等
	锻铝（LD）	铝-铜-镁-硅系铝-铜-镁-镍-铁系	力学性能与硬铝相近，有良好的热塑性及良好的耐腐蚀性，适于锻造，故名锻铝；锻铝通过人工时效，可使材料获得最佳强化效果	主要用于航空及仪表工业制造形状复杂、质量轻并且强度要求较高的锻件或冲压件，如离心式压气机的叶轮、飞机操纵系统中的摇臂等。LD2 最常用
铸造铝合金		铝-硅系铝-铜系铝-镁系铝-锌系	具有很好的铸造性能	常用来铸造形状复杂的零件，如电动机、仪表壳体、气缸体等。铝-硅系合金是最常用的铸造铝合金

2.4　工程塑料

塑料是一种以有机合成树脂为基础，再加入添加剂，在加热、加压条件下塑造成型的一种高分子材料。其中合成树脂在塑料中的含量占 40%～100%，对塑料的性能起决定性作用；添加剂是根据不同的使用需要而加入的，主要有填料或增强材料、固化剂、增塑剂、稳定剂等。塑料因具有质轻、化学稳定性好、强度高、成本低等特点而在近现代工业中应用广泛。

2.4.1　塑料的分类

1. 按树脂的性质分类

根据树脂在加热和冷却时所表现的性质不同，可分为热塑性塑料和热固性塑料。

（1）热塑性塑料。这类塑料的特点是加热时软化并熔融，可塑造成型，冷却后即成型并且保持既得形状，而且该过程可反复进行。这类塑料有聚乙烯、聚丙烯、聚苯乙烯、聚酰胺（尼龙）、聚甲醛、聚碳酸酯、聚苯醚等。

热塑性塑料的优点是加工成型简便，具有较高的力学性能；缺点是耐热性和刚性比较差。较后开发的氟塑料、聚酰亚胺、聚苯并咪唑等，性能有了明显的提高，如优良的耐腐蚀性、耐热性和耐磨性等，是性能较好的高级工程塑料。

（2）热固性塑料。这类塑料的特点是初加热时软化，可塑造成型，但固化后再加热将不再软化，也不溶于溶剂，这类塑料有酚醛、环氧、氨基、不饱和聚酯、呋喃和聚硅醚等。

热固性塑料的优点是耐热性好，受压不易变形。缺点是力学性能不好，但可加入填料来提高强度。

2．按使用性能分类

根据使用性能，可将塑料分为通用塑料、工程塑料和特种塑料。

（1）通用塑料。主要指应用范围广、生产量大的塑料品种。

（2）工程塑料。主要指综合工程性能（包括力学性能、耐热耐寒性能、耐腐蚀性和绝缘性能等）良好，可代替金属使用的各种塑料。

（3）特种塑料。一般是指具有特种功能，可用于航空、航天等特殊应用领域的塑料。如氟塑料和有机硅具有突出的耐高温、自润滑等特殊功用，增强塑料和泡沫塑料具有高强度、高缓冲性等特殊性能，这些塑料都属于特种塑料的范畴。

2.4.2　常用工程塑料

工程塑料是指被用做工业零件或外壳材料的工业用塑料，是强度、耐冲击性、耐热性、硬度及抗老化性均优的塑料。相对来说，它们产量较大，应用范围较广。主要有 ABS 树脂、聚碳酸酯、聚酰胺（尼龙）、聚甲醛等。制品有电视机壳、塑料齿轮、光学材料、密封垫等。

1．ABS 树脂

ABS 树脂是丙烯腈、丁二烯和苯乙烯的三元共聚物，是五大合成树脂之一。具有抗冲击性、耐热性、耐低温性、耐化学药品性及电气性能优良等优点，还具有易加工、制品尺寸稳定、表面光泽性好等特点，容易涂装、着色，还可以进行表面喷镀金属、电镀、焊接、热压和粘接等二次加工，是一种原料易得、综合性能良好、价格便宜的工程塑料。它的性能可以根据要求，通过改变单体的含量来进行调整。丙烯腈的增加，可提高塑料的耐热性、耐腐蚀性和表面硬度；丁二烯可提高弹性和韧性；苯乙烯则可改善电性能和成型能力。

ABS 树脂的最大应用领域是汽车、电子电器和建材。汽车领域的使用包括汽车仪表板、车身外板、内装饰板、方向盘、隔音板、门锁、保险杠、通风管等很多部件；在电器方面则广泛应用于电冰箱、电视机、洗衣机、空调器、计算机、复印机等电子电器中；在建材方面应用于 ABS 管材、ABS 卫生洁具、ABS 装饰板等制作材料中。

2．聚碳酸酯（PC）

聚碳酸酯是一种无色透明的无定性热塑性材料。它具有优良的综合性能、冲击韧性和延性突出，在热塑性塑料中是最好的；绝缘性能优良、吸水性小；耐热性比一般尼龙、聚甲醛略高，且耐寒，可在-60～120℃温度范围内长期工作。但自润滑性差，耐磨性比尼龙和聚甲醛低；不耐碱、氯化烃、酮和芳香烃；长期浸在氟水中会发生水解或破裂；有应力开裂倾向；疲劳抗力较低。

在制造工业中，聚碳酸酯主要用于制造受载不大，但冲击韧性和尺寸稳定性要求较高的零件，如轻载齿轮、心轴、凸轮、螺栓、螺帽、铆钉、小模数和精密齿轮、蜗轮、蜗杆、齿条等。利用其优良的电绝缘性能，可用于制造垫圈、垫片、套管、电容器等绝缘件，并可做电子仪器仪表的外壳、护罩等。由于其无色透明和优异的抗冲击性，还可用于玻璃装配业、汽车工业和电子电器工业、光盘、包装、计算机等办公室设备、医疗及保健、薄膜、休闲和防护器材等，如光碟、眼镜片、水瓶、防弹玻璃、护目镜、车头灯。

3．聚酰胺（PA）

聚酰胺又称尼龙或锦纶，是一种白色或淡黄色固体，质轻比重小。尼龙具有良好的力学性能，韧性很好，强度较高，具有突出的耐磨性和自润滑性能，耐腐蚀性也好，有一定的阻燃性，易于加工。但耐热性不高，工作温度不能超过 100℃；导热性较差，约为金属的 1%；吸水性高，成型收缩率大。

尼龙在制造工业中可用于制造要求耐磨、耐腐蚀的某些承载和传动零件，如轴承、齿轮、螺钉、螺母及其他小型零件等；在民用中可以混纺或纯纺成各种医疗用品及针织品。

4．聚甲醛（POM）

聚甲醛是由甲醛或三聚甲醛聚合而成的一种白色固体。这类塑料摩擦系数低而稳定，在干摩擦条件下尤为突出；具有较高的硬度、抗疲劳强度和抗冲击性能，良好的绝缘性能（其耐疲劳性能是热塑性塑料中最高的）。但它耐热性较差，收缩率大，使用温度一般为-40～100℃。

聚甲醛已广泛应用于机械、电器仪表和化工部门制作主要受摩擦的各种零件，如轴承、齿轮、凸轮、辊子、阀杆等。加入少量聚四氟乙烯粉末或玻璃纤维等填料，可大大改善耐磨性能。

5．特种工程塑料

特种工程塑料除具有工程塑料的特性外，其综合性能更高，长期使用温度在150℃以上，还具有特殊的功能和特殊的用途。主要应用于高技术工业，如原子能、火箭、卫星、航天、汽车、电子和运动器材等方面的结构材料。常用的特种工程塑料有氟塑料、硅树脂、聚酰亚胺、聚醚醚酮、液晶聚合物等。

除上述常用的工程塑料外，在电子电器设备中，还常以聚丙烯、聚氯乙烯、聚苯乙烯、酚醛塑料等作为零部件的制作材料。例如，由于聚丙烯有质轻（是常用塑料中最轻的）、电绝缘性能和耐腐蚀性优良的特点，常用来制造法兰、风扇叶片、泵叶轮、洗衣机波轮与洗涤桶、仪表壳体等零部件的材料。

 习题 2

1. 思考题

（1）常用的工程材料分哪几类，其中金属材料又可分为几类？

（2）什么是材料的物理性能，主要包括哪些特性？

（3）什么是金属材料的力学性能，主要有哪些指标？

（4）钢按化学成分、含碳量、用途、质量不同各分为哪几类？

（5）常用结构钢有哪些，分别说出各结构钢的牌号表示方法、性能及主要用途。

（6）磁性材料有哪几类，它们的性能与用途是什么？

（7）什么是黄铜，黄铜按照化学成分不同分为哪几类？分别说出它们的牌号表示方法、性能及主要用途。

（8）什么是工程塑料，常用的工程塑料有哪些？工程塑料有什么性能特点，并举例说明其主要用途。

2. 技能训练题

判别下列材料牌号或代号各属于哪一类工程材料，举例说明其用途。

Q235：

45：

L4：

QSn4-3：

1 Cr 13：

ABS：

第3章

常用机械传动

机械传动是一种最基本的传动方式。在机械设备和家电产品中的机械装置，都离不开各种机械传动装置，如电风扇扇叶的转动和风扇摇头，收录机的走带、快进、倒带等，通过机械传动装置来协调工作部分与原动机的速度关系，实现减速、增速和变速要求。

机械传动一般分类如下：

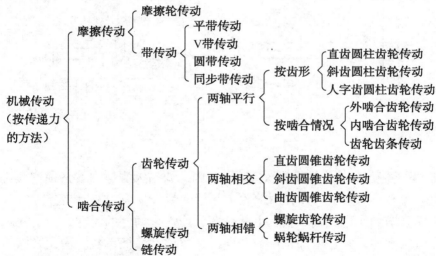

本章将着重介绍在电子电器设备中常用的摩擦轮传动、带传动、齿轮传动、蜗杆传动、螺旋传动的工作原理、种类、传动特点及一些基本的计算。

3.1 摩擦传动

摩擦传动是根据摩擦原理来传递运动和动力的。盒式录音机的驱动机构，主要是由带传动和摩擦传动组成的传动系统。当按下不同的键时，传动系统的连接关系也随之变化，从而实现录音机走带、快进、倒带等功能。由此可知，应用带传动、摩擦轮传动，可以方便地实现执行机构的变速、变向等运动。

3.1.1 摩擦轮传动

1. 摩擦轮传动的工作原理

图 3-1 所示的是最简单的摩擦轮传动，它由两个相互压紧的圆柱摩擦轮所组成。在正常工作时，主动轮可依靠摩擦力的作用带动从动轮转动。为了使两个摩擦轮在传动时，轮面上不打滑，则两个轮面的接触处必须有足够的摩擦力，也就是说摩擦力矩应足以克服从动轮上的阻力矩，否则在两轮接触处将会打滑。

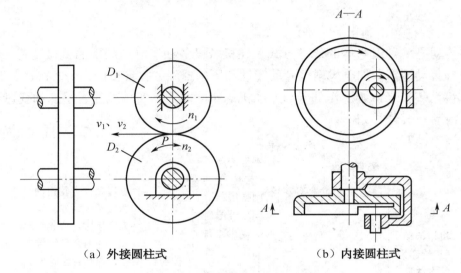

（a）外接圆柱式　　　　　　　　　　（b）内接圆柱式

图 3-1　两轴平行的摩擦轮传动

由于最大静摩擦力=静摩擦系数×正压力，因此要增大摩擦力就必须增大正压力或增大摩擦系数。增大正压力，可以在摩擦轮上装置弹簧或其他的施力装置，如图 3-2（a）所示。但这样会增加作用在轴和轴承上的载荷，增大传动件的尺寸，使机构笨重。因此正压力只能适当增大，并在增加正压力的同时，再增大摩擦系数。增大摩擦系数的方法通常是将其中一个摩擦轮用钢或铸铁制成，在另一个摩擦轮的工作表面衬上一层石棉或皮革、橡胶布、塑料或纤维材料等，如图 3-2（a）所示。

为避免打滑时从动轮的轮面遭受局部磨损而影响传动质量，应该将轮面较软的摩擦轮作为主动轮来使用。

2. 摩擦轮传动的种类

摩擦轮传动分为两轴平行和两轴相交两种。

（1）两轴平行的摩擦轮传动。两轴平行的摩擦轮传动有外接圆柱摩擦轮传动，如图 3-1（a）所示；内接圆柱摩擦轮传动，如图 3-1（b）所示。通常这两种传动类型多用在高速小功率的传动之中。前者两轴转动方向相反，后者两轴转动方向相同。

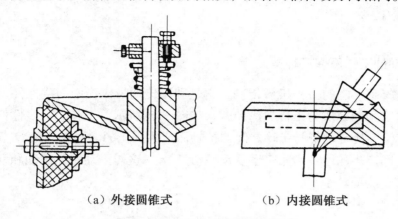

（a）外接圆锥式　　　　　（b）内接圆锥式

图 3-2　两轴相交的摩擦轮传动

（2）两轴相交的摩擦轮传动。两轴相交的摩擦轮传动，其摩擦轮为圆锥形，同样也有外接圆锥摩擦轮传动和内接圆锥摩擦轮传动，如图 3-2 所示。在安装使用中，两圆锥轮的锥顶必须重合，这样才能使两轮锥面上各接触点处的线速度相等。

3．传动比

如图 3-1 所示，传动时，如果两个摩擦轮接触点 P 没有相对滑动，则两轮的圆周线速度应该是相等的，即

$$v_1 = v_2$$

因为

$$v_1 = \frac{\pi D_1 n_1}{1000 \times 60} \quad (\text{m/s})$$

$$v_2 = \frac{\pi D_2 n_2}{1000 \times 60} \quad (\text{m/s})$$

所以可得

$$n_1 D_1 = n_2 D_2 \quad \text{或} \frac{n_1}{n_2} = \frac{D_2}{D_1}$$

由此可知，两摩擦轮的转速与其直径成反比。

传动比就是主动轮转速 n_1 与从动轮转速 n_2 的比值，用 i_{12} 来表示，即

$$i_{12} = \frac{n_1}{n_2} = \frac{D_2}{D_1} \tag{3-1}$$

式中　n_1——主动轮的转速（r/min）；

$\quad\quad n_2$——从动轮的转速（r/min）；

$\quad\quad D_1$——主动轮的直径（mm）；

$\quad\quad D_2$——从动轮的直径（mm）。

由式（3-1）可知，若传动比大于 1，从动轮转速低于主动轮转速，是减速运动；

若传动比小于 1，从动轮转速高于主动轮转速，是加速运动。

3.1.2　带传动

1．带传动的工作原理及种类

带传动是应用广泛的一种机械传动，它是利用传动带作为中间挠性件，依靠传动带与带轮接触面之间的摩擦力来传递运动的，如图 3-3 所示。工作时，挠性件（传动带）张紧在两带轮上，使传动带与带轮之间的接触面产生正压力，当主动轮 D_1 转动时，依靠传动带与带轮间产生的摩擦力来带动从动轮 D_2 转动。这样主动轴的运动和动力就可以通过传动带传递给从动轴了。

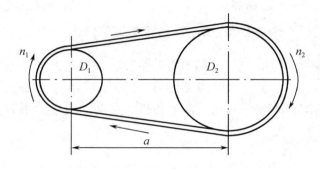

图 3-3　带传动

根据带的截面形状，带传动可分为平带、V 带、圆带、同步带等，如图 3-4 所示。其中，以平带和 V 带使用最多。

平带主要用于高速、较远距离的传动。

V 带传动因传递动力大而被广泛用于较近距离的大功率传动。

圆带用于小功率传动的场合，如收录机的磁带传动机构、缝纫机的传动机构。

同步带用在传动比要求较准确的场合，如打印头传动机构、速印机的传动机构等。

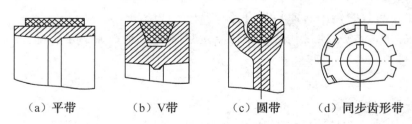

（a）平带　　　　（b）V带　　　　（c）圆带　　　（d）同步齿形带

图 3-4　带传动的类型

其中平带根据传动方式不同，可分为开口式、交叉式和半交叉式三种，如图 3-5 所示。而 V 带传动不采用交叉式和半交叉式这两种形式。

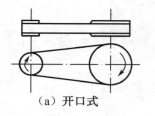
（a）开口式

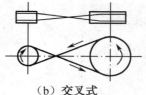
（b）交叉式

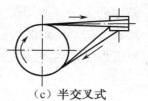
（c）半交叉式

图 3-5 平带传动的形式

开口式传动用于两轴线平行且旋转方向相同的场合，这种形式应用最为广泛。

交叉式传动用于两轴线平行且旋转方向相反的场合，应用也较广泛。

半交叉式传动用于两轴线互不平行、空间相错的场合，这种形式在一般使用情况下，两带轮的中心平面是互相垂直的。

2．带传动的传动比

在图 3-3 所示的带传动中，假设传动带与带轮间没有相对滑动，则两带轮圆周线速度与传动带的速度应相等（假设带不变形伸长），即 $V_{带} = \upsilon_1 = \upsilon_2$。

因为
$$\upsilon_1 = \frac{\pi D_1 n_1}{1000 \times 60} \quad (\text{m/s})$$

$$\upsilon_2 = \frac{\pi D_2 n_2}{1000 \times 60} \quad (\text{m/s})$$

所以可得
$$n_1 D_1 = n_2 D_2$$

因此传动比为
$$i_{12} = \frac{n_1}{n_2} = \frac{D_2}{D_1} \tag{3-2}$$

由此可见，带传动的传动比与摩擦轮传动的传动比计算方法是相同的，与两带轮间的距离无关。通常平带传动的传动比 $i \leqslant 5$，V 带传动的传动比 $i \leqslant 7$。

【例 3-1】 全自动套筒洗衣机传动系统的第一级减速机构采用皮带传动，已知电机的转速 n_1 为 1500r/min，经减速后大带轮转速 n_2 为 850r/min，与电机相接的小带轮直径 D_1 为 17mm，计算此带传动的传动比 i_{12} 及大带轮直径 D_2。

【解】 因为
$$i_{12} = \frac{n_1}{n_2} = \frac{1500}{850} = \frac{30}{17} \approx 1.765$$

又因为
$$i_{12} = \frac{n_1}{n_2} = \frac{D_2}{D_1}$$

所以
$$D_2 = i_{12} D_1 = \frac{30}{17} \times 17 = 30 \quad (\text{mm})$$

因此带传动的传动比 i_{12} 约为 1.765，大带轮直径 D_2 为 30mm。

3．带传动的调整

传动带因长期受拉力作用，将会产生永久变形而伸长，从而造成张紧力减小，传动能力降低，致使传动带在带轮上打滑。为保持传动带在传动中的能力，可使用张紧装置来调整，常用的方法有使用张紧轮和调整中心距两种。

（1）判断传动带松紧的方法。以大拇指能按下 10～15mm 为宜，如图 3-6 所示。

（2）使用张紧轮的方法，如图 3-7 所示。

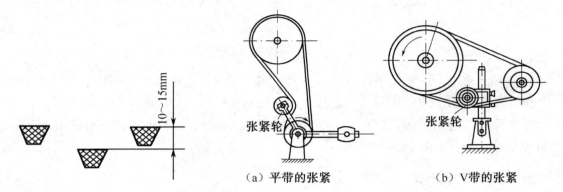

图 3-6　传动带松紧的判断

图 3-7　采用张紧轮

（3）调整中心距张紧，如图 3-8 所示。

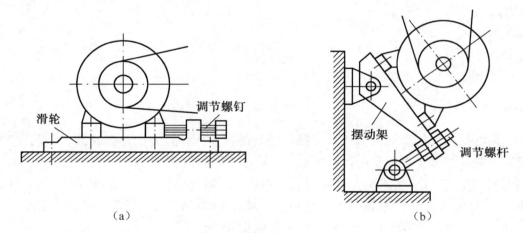

图 3-8　调整中心距张紧

3.1.3　摩擦传动的特点

由于摩擦传动是靠摩擦力来传递动力，因此具有以下特点。

（1）结构简单，制造容易，成本低。

（2）摩擦轮传动适用于两轴中心距较小的场合，带传动适用于两轴中心距较大的场合。一般在相同条件下，V 带的传递能力是平带的 3 倍。

（3）带传动较柔和，可以吸震和缓冲，传动平稳；而摩擦轮传动可在运转中变速、变向。

（4）过载时会打滑，防止零件损坏，能起到过载保护作用。

（5）传动效率低，传递运动不准确。

3.2 齿轮传动

齿轮传动是现代各类机械传动中应用最广泛的一种传动，在各种工程机械设备、电气设备及各种家电产品（如电风扇、洗衣机等）中广泛应用。图 3-9 所示的是家用电风扇变速箱的传动系统示意图。变速箱的内部采用了蜗轮和直齿圆柱齿轮组合的两级减速装置，经两级减速后，实现了变速箱降低电机速度并与摇头机构相配合，扩大送风范围的作用。

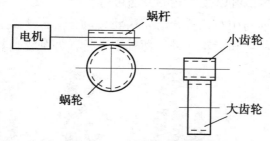

图 3-9　家用电风扇变速箱的传动系统示意图

3.2.1 齿轮传动的工作原理及传动比

齿轮传动是指由主动齿轮、从动齿轮直接啮合传递运动和动力的一套装置，如图 3-10 所示。当一对齿轮相互啮合而工作时，主动齿轮 O_1 的轮齿 1、2、3、…，通过啮合力的作用逐个地推动从动齿轮 O_2 的轮齿 $1'$、$2'$、$3'$、…，使从动齿轮转动，从而将主动齿轮的动力和运动传递给从动齿轮。

在图 3-10 所示的一对相互啮合的齿轮中，设主动齿轮的转速为 n_1，齿数为 z_1，从动齿轮的转速为 n_2，齿数为 z_2，传动时两轮转过的齿数必定相等，即 $z_1 n_1 = z_2 n_2$。由此可得一对齿轮的传动比为

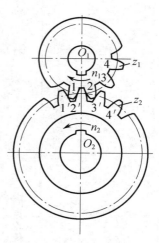

$$i_{12} = \frac{n_1}{n_2} = \frac{z_2}{z_1} \qquad （3-3）$$

式（3-3）说明一对齿轮传动比（i_{12}）就是主动齿轮与从动齿轮转速（角速度）之比，与其齿数成反比。

图 3-10　齿轮传动

一对齿轮的传动比不宜过大，否则会使结构尺寸过大，不利于制造和安装。通常一对圆柱齿轮的传动比为 5～8，一对圆锥齿轮的传动比为 3～5。

【例 3-2】　有一对齿轮传动，已知主动齿轮的转速 n_1 为 960r/min，齿数 z_1 为 20，从

动齿轮的齿数 z_2 为 50，试计算传动比 i_{12} 和从动齿轮的转速 n_2。

【解】 由式（3-3）可得 $i_{12} = \dfrac{n_1}{n_2} = \dfrac{z_2}{z_1} = \dfrac{50}{20} = 2.5$

$$n_2 = \frac{n_1}{i_{12}} = \frac{960}{2.5} = 384 \ （r/min）$$

因此齿轮传动的传动比为 2.5，从动齿轮的转速为 384r/min。

3.2.2 齿轮传动的常用类型

齿轮传动的种类很多，可以按不同的方法进行分类。

（1）根据齿轮传动轴的相对位置，可将齿轮传动分为两大类，即平面齿轮传动（两轴平行，如圆柱齿轮）与空间齿轮传动（两轴不平行，如圆锥齿轮），如图 3-11 所示。

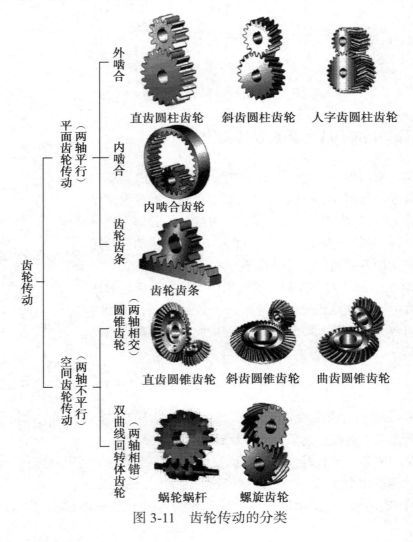

图 3-11　齿轮传动的分类

（2）按齿轮传动在工作时的圆周速度不同，可分为低速（ $v \leqslant 3\mathrm{m/s}$ ）、中速（ $v = 3\mathrm{m/s} \sim 15\mathrm{m/s}$ ）、高速（ $v \geqslant 15\mathrm{m/s}$ ）。

（3）按齿轮传动的工作条件不同，可分为闭式齿轮传动（封闭在箱体内，润滑条件良好，灰砂不易进入，且安装精确的齿轮传动）和开式齿轮传动（齿轮外露，不能保证良好润滑的齿轮传动）两种。

（4）按齿宽方向与轴的歪斜形式，可分为直齿、斜齿和人字齿3种。

（5）按轮齿的齿廓曲线不同，可分为渐开线齿轮、摆线齿轮和圆弧齿轮等几种。

（6）按齿轮的啮合方式，可分为外啮合齿轮传动（如图3-11所示的直齿、斜齿和人字齿等）、内啮合齿轮传动和齿条传动。

3.2.3 直齿圆柱齿轮的主要参数及几何尺寸计算

1. 直齿圆柱齿轮的主要参数

（1）齿数（ z ）。一个齿轮的轮齿数目即齿数，常用符号" z "表示，是齿轮的最基本参数之一。当模数一定时，齿数越多，齿轮的几何尺寸越大，轮齿的齿廓曲线趋于平直。

（2）模数（ m ）。模数是齿轮几何尺寸计算中最基本的一个参数，常用符号" m "表示，模数直接影响轮齿的大小、轮齿齿形和强度的大小。对于相同齿数的齿轮，模数越大，齿轮的几何尺寸越大，轮齿也大，承载能力也越大，如图3-12所示。为了便于齿轮的制造和使用，对模数已经实行了标准化。我国规定的标准模数系列如表3-1所示。

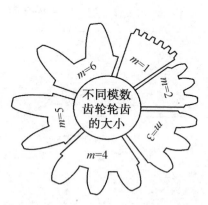

图 3-12　不同模数齿轮轮齿的大小

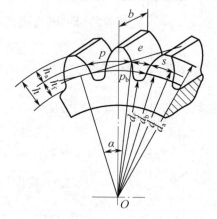

图 3-13　齿轮各部分名称及符号

（3）压力角（ α ）。压力角是物体运动方向与受力方向所夹的锐角。通常所说的压力角是指分度圆上的压力角，用符号" α "表示。压力角不同，轮齿的形状也不同。我国规定标准压力角是 $20°$ 。

表 3-1　标准模数系列表（GB1357－1987）

第一系列	0.1	0.12	0.15	0.2	0.25	0.3	0.4	0.5	0.6	0.8	1
	1.25	1.5	2	2.5	3	4	5	6	8	10	12
	16	20	25	32	40	50					
第二系列	0.35	0.7	0.9	1.75	2.25	2.75	（3.25）	3.5	（3.75）	4.5	5.5
	（6.5）	7	9	（11）	14	18	22	28	36	45	

注：选用模数时，应优先采用第一系列，其次是第二系列，括号内的模数尽量不用。

2．外啮合标准直齿圆柱齿轮的各部分名称和几何尺寸计算

齿轮各部分名称及符号如图 3-13 所示。有关外啮合标准直齿圆柱齿轮各部分名称、符号、含义及几何尺寸计算公式，如表 3-2 所示。

表 3-2　外啮合标准直齿圆柱齿轮各部分名称、符号、含义及计算公式

名称	符号	含　义	计　算　公　式
齿距	p	相邻两齿同侧齿廓之间在分度圆上的弧长	$p = \pi m$
齿厚	s	轮齿两侧齿廓在分度圆上的弧长	$s = p/2 = \pi m/2$
槽宽	e	相邻两齿同侧齿廓在分度圆上的弧长	$e = s = p/2 = \pi m/2$
基圆齿距	p_b	相邻两齿同侧齿廓在基圆上的弧长	$p_b = p\cos\alpha = \pi m\cos\alpha$
齿顶高	h_a	齿顶圆与分度圆之间的径向距离	$h_a = m$
齿根高	h_f	齿根圆与分度圆之间的径向距离	$h_f = 1.25m$
全齿高	h	齿顶圆与齿根圆之间的径向距离	$h = 2.25m$
分度圆直径	d	在标准齿轮中轮齿齿厚与齿宽相等的圆的直径	$d = mz$
齿顶圆直径	d_a	齿顶所在圆的直径	$d_a = d + 2h_a = m(z+2)$
齿根圆直径	d_f	齿根所在圆的直径	$d_f = d - 2h_f = m(z-2.5)$

续表

名称	符号	含　义	计　算　公　式
齿宽	b	轮齿在轴线方向的宽度	$b=(6\sim12)m$，通常取 $b=10m$
中心距	a	一对相互啮合齿轮两轴线之间的距离	$a=d_2/2+d_2/2=m/2(z_1+z_2)$

【例 3-3】 已知一对标准直齿圆柱齿轮，$Z_1=20$，$Z_2=40$，$m=5$mm，求两齿轮的齿顶圆直径 d_{a1}、d_{a2}，齿根圆直径 d_{f1}、d_{f2}，两齿轮中心距 a。

【分析】 在本题中，已知齿轮的齿数和模数，则可根据表 3-2 所示的计算公式直接计算得到齿顶圆直径、齿根圆直径和两齿轮中心距。

【解】
$$d_{a1}=m(z_1+2)=5\times(20+2)=110（\text{mm}）$$
$$d_{a2}=m(z_2+2)=5\times(40+2)=210（\text{mm}）$$
$$d_{f1}=m(z_1-2.5)=5\times(20-2.5)=87.5（\text{mm}）$$
$$d_{f2}=m(z_2-2.5)=5\times(40-2.5)=187.5（\text{mm}）$$
$$a=\frac{m}{2}(z_1+z_2)=\frac{5}{2}(20+40)=150（\text{mm}）$$

【例 3-4】 相啮合的一对标准直齿圆柱齿轮，$Z_1=30$，$Z_2=50$，$a=200$mm，求分度圆直径 d_1、d_2。

【分析】 在本题中，已知齿轮的齿数和两齿轮的中心距，而模数未知，所以要根据已知条件，应用表 3.2 所示的计算公式先求出模数，再根据表 3.2 所示的计算公式计算出分度圆的直径。

【解】 因为 $a=\dfrac{m}{2}\left(z_1\div z_2\right)$

即 $\qquad 200=\dfrac{m}{2}\left(30\div 50\right)$

所以 $\qquad m=5（\text{mm}）$

$$d_1=mz_1=5\times30=150（\text{mm}）$$
$$d_2=mz_2=5\times50=250（\text{mm}）$$

3.2.4 齿轮传动的工作特点及标准直齿圆柱齿轮的正确啮合条件

1．齿轮传动的工作特点

（1）结构紧凑，工作可靠，使用寿命长。

（2）传动比恒定，传递运动准确，效率高，传递运动和动力的范围广。

（3）制造安装精度高，不适用于远距离传动。

2．标准直齿圆柱齿轮的正确啮合条件

一对齿轮能连续顺利的传动，需要各轮齿正确啮合互不干扰才行，即两齿轮轮齿的齿形和轮齿大小相同。所以，直齿圆柱齿轮正确啮合的条件是：

（1）两齿轮的模数必须相等，即 $m_1 = m_2$。

（2）两齿轮分度圆上的压力角必须相等，即 $\alpha_1 = \alpha_2$。

3.3 蜗杆传动

蜗杆传动是由蜗杆与蜗轮相啮合，传递空间两垂直交错轴之间的运动和动力的传动机构。多数机械、电器设备（如起重装置卷扬机的传力系统、变速箱的传动装置）都采用了蜗杆传动。通常情况下，传动中蜗杆是主动件，蜗轮是从动件。蜗杆有单头、双头、多头之分。单头蜗杆旋转一周，蜗轮只旋转一个齿；双头、三头蜗杆旋转一周，蜗轮分别旋转两个、三个齿。

1．蜗杆传动的传动比

如图 3-14 所示，设蜗杆头数为 z_1，转速为 n_1，蜗轮齿数为 z_2，转速为 n_2，其传动比为

$$i_{12} = \frac{n_1}{n_2} = \frac{z_2}{z_1} \tag{3-4}$$

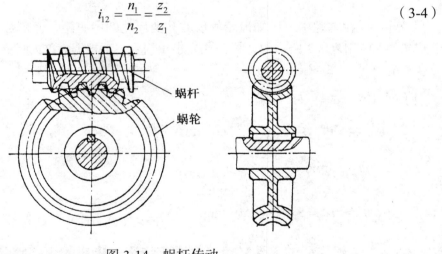

图 3-14 蜗杆传动

2．蜗杆传动的特点

蜗杆传动与齿轮传动相比，有以下特点。

（1）承载能力大。蜗杆与蜗轮啮合时呈线接触，同时进入啮合的齿数较多，所以承载能力大。

（2）传动比大，而且准确。蜗杆传动的传动比可以达到 10～80，分度机构可以达到 1000，并与齿轮传动一样具有准确的传动比。

（3）传动平稳，无噪声。蜗杆与蜗轮啮合传动时，是逐渐进入和退出啮合的，且同时啮合齿数较多，因此比齿轮传动更平稳，且无噪声。

（4）具有自锁性作用。即只能蜗杆带动蜗轮，不能由蜗轮带动蜗杆，可以防止蜗轮倒转，有安全保护作用。

（5）传动效率低。齿面滑动速度大，发热、磨损严重，摩擦损失较大，所以传动效率低，一般为 0.7～0.9，有时只有 0.5 。

3.4 螺旋传动

3.4.1 螺旋传动简介

螺旋传动是利用螺杆和螺母组成的螺旋副来实现传动要求的。它主要将主动件的回转运动变为从动件的直线往复运动，同时传递动力。

螺旋传动具有结构简单、工作连续、平稳、承载能力大、传动精度高等优点，在各种机械中获得了广泛的应用。其缺点是由于螺纹之间产生较大的相对滑动，因而磨损大，效率低。而滚动螺旋传动的应用，则使磨损和效率问题得到了很大改善。常用的螺旋传动有普通螺旋传动、差动位移螺旋传动和滚珠螺旋传动。

图 3-15 所示的是螺旋传动在台虎钳上的应用示例。螺杆装在活动钳口上，在活动钳口里能做回转运动，但不能相对活动钳口轴向移动；螺母与固定钳口固定，螺杆与螺母旋合。当操纵手柄转螺杆时，螺杆就相对螺母既做旋转运动又做轴向移动，从而带动活动钳口相对固定钳口做合拢或张开动作，以实现对工件的夹紧和松开。

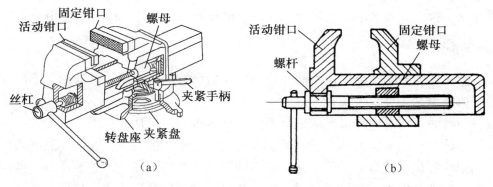

图 3-15 台虎钳

3.4.2　普通螺旋传动的位移计算

在普通螺旋传动中，螺杆（或螺母）的移动距离由导程决定。即螺杆（或螺母）每转一圈，螺杆（或螺母）移动一个导程，即

$$L = nP_h \qquad (3-5)$$

式中　L——移动速度或距离（mm/ min 或 mm）；

　　　P_h——导程（单线螺纹即螺距）（mm）；

　　　n——转速或转数（r/min 或 r）。

3.5　机械润滑与密封

3.5.1　机械润滑

1．机械润滑的作用

在各种运动件间，由于摩擦和磨损的存在，造成了机器的磨损、发热和能量损耗，世界上有 30%～50% 的能量消耗在各种形式的摩擦中，约有 80% 的机器因为零件的磨损而失效。因此在许多设备的设计、制造、使用及维护和保养中，都把减小摩擦作为一项十分重要的任务。摩擦按相互摩擦面间有无润滑剂可分为干摩擦和液体摩擦。干摩擦是相互摩擦面间无润滑剂的摩擦，干摩擦摩擦因数大，磨损严重，除利用摩擦力工作的场合外，应尽量避免。在摩擦副间施加润滑剂后，摩擦副的表面被一层具有一定压力和厚度的液体润滑膜完全隔开时的摩擦称为液体摩擦。液（气）摩擦中摩擦副的表面不直接接触，摩擦因数很小，理论上不产生磨损，是一种理想的摩擦状态。在机械与电子电器设备中使用润滑剂，除降低摩擦、减小磨损、冷却降温、防止腐蚀外，还有密封、清洗、缓震等作用，这大大降低了摩擦阻力，提高了机械效率，延长了设备的使用寿命。

2．润滑剂

凡是能起到降低摩擦阻力作用的介质都可作为润滑剂。常用的润滑剂有润滑油、润滑脂和固体润滑剂。

（1）润滑油。润滑油是目前应用最多的一种润滑剂，包括矿物油、合成油、动植物油和水基液体等。由于润滑油有较宽的黏度范围，对不同的负荷、速度和温度条件下工作的运动部件提供了较宽的选择余地。润滑油可提供低的、稳定的摩擦系数，低的可压缩性，能有效地从摩擦表面带走热量，保证相对运动部件的尺寸稳定和设备精度，而且多数是价廉产品，因而获得广泛应用。

（2）润滑脂。润滑脂俗称黄油或牛油，由润滑油、稠化剂和添加剂（或填料）在高

温下混合而成。润滑脂是一种常用润滑剂，广泛应用在机械设备中。与润滑油相比，它具有一系列的优点，如温度范围比较宽；易于保持在滑动面上，不易流失和泄漏；润滑系统简化，密封简单，能有效地防止污染物和灰尘进入；防锈性与热氧化安定性优良。但是，更换油脂困难，不易散热，摩擦力矩比用润滑油时大，在高速场合应用的效果差。因此，在汽车和工程机械上的许多部位都使用润滑脂作为润滑材料。

（3）固体润滑剂。为保护相对运动表面免于受到损坏，减少物体表面间的摩擦及磨损，在物体表面上使用的粉末状或薄膜状固体，或者某些复合材料，称为固体润滑剂，如石墨、二硫化钼等。固体润滑剂能满足高温、高压、低速、高真空、强辐射等特殊工况下的润滑要求，适合于供油不方便、装拆困难等复杂的工作环境，所以在机械工业中得到广泛应用。固体润滑剂也有摩擦系数较高、冷却散热不良等缺点。

3. 润滑方法

根据润滑要求不同，润滑油的供应方式也不同，常分为间歇式供油和连续供油两大类。间歇式供油主要有手工定时润滑，这种润滑方式结构简单，供油不可靠。主要用于低速、轻载、不重要的场合。如家用电器设备中主要采用间歇式供油方法进行供油润滑。

连续供油主要有油绳润滑、针阀式注油油杯润滑、油浴溅油润滑等。连续供油，供油比较可靠，有的还可以调节，特别是油浴溅油润滑，润滑可靠，耗油少，维护简单，广泛应用于机床、减速器及内燃机等闭式传动中。

3.5.2 密封

机器设备总是在一定环境中工作，往往环境中存在灰尘、杂质及各种腐蚀介质，如果设备的关键部位不采取密封措施，杂质就可能进入这些部位，影响其正常运转和工作。例如，洗衣机波轮轴不密封或密封不好，就可能因渗水而生锈，致使波轮轴锈蚀而损坏。另一方面，密封还可以阻止润滑部位的润滑油流出，以保证工作部位能正常工作。因此机械密封是机械设备设计、制造、使用及维护保养的一项重要工作。

密封可分为静密封和动密封两大类。静密封主要有密封垫密封、密封胶密封和直接接触密封三大类。动密封可以分为接触式密封（如毛毡密封、O形橡胶圈密封、J形橡胶圈密封等）和非接触式密封（如沟槽密封、迷宫密封等）。

＊3.6 液压传动与气压传动

3.6.1 液压传动

液压传动是以液体作为工作介质，利用液体压力来传递动力和进行控制的一种传动方式。由于这种传动具有明显的优点，近年来得到了迅速的发展。利用液压传动最普遍的是各种机床。此外，起重、运输、矿山、建筑、航空等各种机械也越来越广泛地采用这种传动。当前，液压传动已经成为机械工业发展的一个重要方向。

液压传动装置是由动力部分（液压泵）、执行部分（液压缸）、控制部分（各种控制阀）及辅助部分（油管、油箱等）组成。动力部分将机械能转化为便于输送的液压能，然后通过执行部分将液压能转换为机械能，驱动工作机构完成所要求的各种动作。

液压传动与机械传动、电力传动、气压传动等相比，具有以下特点。

（1）单位重量传递的功率大，结构尺寸小，惯性小，采用高压时，易获得很大的力或力矩。

（2）运动较平稳，能在低速下稳定运动，能方便地在运转中实现无级调速，且调速比大，一般 100∶1，最大可达 2000∶1。

（3）操作、调节较方便，省力，易实现远距离操纵及自动控制。

（4）易实现过载保护，易于实现元件通用化、标准化和系列化，且使用寿命较长。

（5）由于有泄漏现象，传动比不如机械传动准确，且效率较低。

（6）对元件的制造精度、安装、调整和维护要求较高。

（7）系统发生故障时，原因不易查明。

图 3-16 所示的是自卸汽车液压举升装置示意图。当驾驶员将操纵杆处于"举升"位置时，油泵输出的油液进入液压缸下腔，推动油缸逐节升出，油缸上腔油液流回油箱，这时油缸使车厢举起。

同时，通过改变操纵杆的位置，还可实现下降、中停等工作状态。

油缸

图 3-16　自卸汽车液压举升装置示意图

3.6.2　气压传动

气压传动的工作原理及系统的组成与液压传动基本相似。它是以空气作为工作介质，当空气压缩机把电动机或其他原动机输出的机械能转换为空气的压力能，然后在控制元件的控制下，通过执行元件把压力能转换为直线运动或回转运动形式的机械能，从而完成各种动作并对外做功。气压传动广泛应用于食品机械、纺织机械、冲床上的机械手、汽车制动等设备中，如公共汽车的车门启闭机构，当气缸内的活塞受压缩空气作用运动时，通过其连杆及中间摇臂带动左、右两扇门同时开启、关闭。

 习题 3

1．思考题

（1）摩擦轮传动是怎样实现运动和动力传递的，它有什么特点？

（2）什么是传动比，带传动中传动比不准的原因是什么？

（3）带传动为什么要张紧，如何张紧？

（4）直齿圆柱齿轮有哪几个基本参数，齿轮传动的优缺点是什么？

（5）蜗杆传动有什么特点，两传动轴线的位置关系如何？

（6）螺旋传动有什么特点？

（7）为什么运动件间需要润滑，润滑剂有何作用，常用的润滑材料有哪些？

2．技能训练题

（1）观察洗衣机和打印机上的打印头传动机构分别是采用 V 带传动，还是同步带传动，用 V 带传动代替同步带传动行不行？

（2）有一带传动，已知，传动比 i_{12} 为 3，小带轮直径 D_1 为 50mm，大带轮直径是多少？如果 n_1 为 1450r/min，则大带轮转速 n_2 为多少？

（3）观察分析收录机的供、收带机构，哪个是主动轮，哪个是从动轮，如何计算各轮的转速？

（4）有一齿轮传动，主动轮齿数 z_1 为 20，从动轮齿数 z_2 为 60，试计算传动比 i_{12} 为多少，若主动轮转速 n_1 为 800 r/min，则从动轮转速 n_2 为多少？

（5）有一只已磨损的废旧齿轮，如何计算出它的模数、齿高、各直径、齿宽等尺寸？

（6）观察卷扬机的工作状况，分析采用蜗杆传动机构有什么优点。

第 4 章

钳工技能

在日常生活中，经常会碰到这样一些状况，如门锁坏了找不到人修理，上班路上自行车突然出问题但附近没有修理店。这些虽然是小事，但既耽误工夫又影响工作。在上述所出现的种种情况中，如果稍微掌握一些钳工技能，处理这些问题可以说易如反掌。

在实际工作中，工厂各车间生产的零件需要通过钳工把这些零件按机械的各项技术精度要求进行装配，才能组合成为一台完整的机器设备；工厂里各种机器设备在使用过程中，会出现各种各样的故障而影响使用，这就要通过钳工进行维护和修理；企业不断进行技术革新，改进工艺和工具，提高劳动生产率和产品品质，这也是钳工的重要任务。

以上所述只是钳工在实际生活和工作中的一小部分应用实例。可以这样说，钳工技能不仅与人们的生活密切相连。在机械制造业，钳工技能已经转变为一项通用技能，正如现在人们学习汽车驾驶技能已经不是为了专门靠它去谋生，而是为了适应社会发展和工作的需求，汽车驾驶技能现在也成了一种通用技能。在工厂里，钳工是操作技能较高且最基础的工种之一。

4.1 钳工入门

4.1.1 钳工的主要任务

1. 加工零件

一些采用机械方法不太适宜或不能解决的加工都可由钳工来完成。如零件加工过程中的画线，精密加工（如刮削、研磨、锉削样板和制作模具等）、检验及修配等。

2. 装配

把零件按机械设备的装配技术要求进行组件、部件装配和总装配，并经过调整、检验和试车等，使之成为合格的机械设备。

3．设备维修

当机械设备或电器设备在使用过程中产生故障、出现损坏或长期使用后精度降低、影响使用时，也要通过钳工进行维护和修理。

4．工具的制造和修理

制造和修理各种工具、夹具、量具、模具及各种专用设备。

随着机械工业的迅速发展，许多繁重的工作已被机械加工所代替，但那些精度高、形状复杂的零件的加工及设备的安装调试和维修是机械难以完成的。这些工作仍需钳工去完成。因此，钳工是机械制造业中不可缺少的工种。钳工的基本操作技能主要有画线、錾削、锯削、锉削、钻孔、扩孔、锪孔、铰孔、螺纹攻丝、套丝、矫正与弯曲、铆接、刮削、研磨、机器装配调试、设备维修、测量和简单热处理等。

钳工的工作范围广，内容丰富，在工农业生产和日常生活中，甚至在现代科学技术领域中，一般采用机械加工方法不太适宜或不能解决的工作，常由钳工来完成。因此，有人称钳工为"万能的钳工"。

4.1.2 钳工操作技能的学习要求

随着机械工业的蓬勃发展，设备日趋机械化和自动化，钳工的工作范围日益扩大，并且专业分工更细，如装配钳工、修理钳工、工具制造钳工等。无论哪种钳工，首先都应掌握钳工的各项基本操作技能及基本测量技能，然后再根据分工不同，进一步学习掌握零件的钳工加工及产品和设备的装配、修理等技能。

钳工操作技能是进行产品生产的基础，也是钳工专业技能的基础，因此，必须熟练掌握，才能在今后的工作中逐步做到得心应手，运用自如。

钳工基本操作项目较多，各项技能的学习掌握又具有一定的相互依赖关系，因此要求钳工必须循序渐进，由简单到复杂，一步一步地对每项操作按要求学习好、掌握好，不能偏废任何一个方面，严格按照每个工件的要求进行操作，只有这样，才能很好地完成基础训练。

4.1.3 钳工常用设备

1．台虎钳

台虎钳是用来夹持工件的通用夹具，如图 4-1 所示，台虎钳的规格是以钳口的宽度尺寸来表示的，常用的有 100mm（4 英寸）、125mm（5 英寸）、150mm（6 英寸）等。其类型有固定式和回转式两种结构，两者的主要构造和工作原理基本相同，其不同点是回转式台虎钳比固定式台虎钳多了一个底座，工作时钳身可在底座上回转，能满足各种不同方位的加工需要，因此其使用方便、应用广泛。

台虎钳的正确使用和维护应注意以下几点。

（1）夹持工件时要松紧适当，只能用手扳紧手柄，不得借助其他工具加力。

（2）强力作业时，应尽量使力朝向固定钳身。

（3）禁止在活动钳身和光滑平面上敲击作业。

（4）对丝杆、螺母等活动表面应经常清洗、润滑，以防生锈。

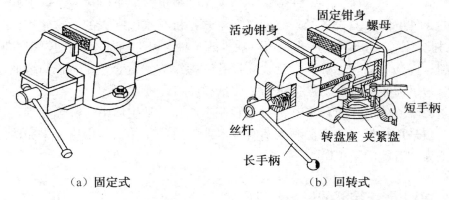

（a）固定式　　　　　　　　　　（b）回转式

图 4-1　台虎钳

2. 钳工工作台

钳工工作台也称钳工台或钳桌、钳台。其主要作用是安装台虎钳、放置工量具和工件，如图 4-2 所示。

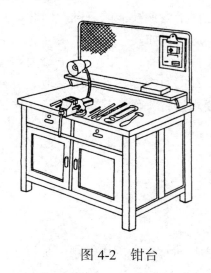

图 4-2　钳台

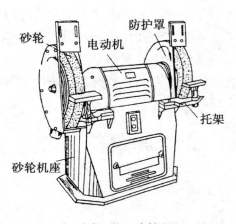

图 4-3　砂轮机

3．砂轮机

砂轮机是指用来刃磨各种刀具、工具的常用设备，由砂轮、电动机、砂轮机座和防护罩等组成，其结构如图4-3所示。

砂轮的质地较脆，转速又较高，使用时应严格遵守以下安全操作规程。

（1）砂轮机的旋转方向要正确，只能使磨屑向下飞离砂轮。

（2）砂轮机启动后，应在砂轮旋转平稳后再进行磨削。若砂轮跳动明显，应及时停机修整。

（3）砂轮机托架和砂轮之间的距离应保持在3mm以内，以防工件扎人造成事故。

（4）操作者应站在砂轮机的侧面或斜侧位置进行磨削，切不可站在砂轮的正面，以防砂轮崩裂造成事故。

（5）磨削时用力要适当，切不可过猛或过大，更不允许用力撞击砂轮。

（6）砂轮机的砂轮应保持干燥，不能蘸水、蘸油。

（7）砂轮机使用后，应立即切断电源。

4．钻床

钻床是加工孔的设备。钳工常用的钻床有台式钻床、立式钻床和摇臂钻床。台式钻床是一种小型钻床，结构简单，操作方便，一般用来钻13mm以下的孔。图4-4所示的是Z512型台式钻床的外形。一般台式钻床都安置在台桌上，可适应多种场合的钻孔需要，所以台式钻床是钳工最常用的机床之一。

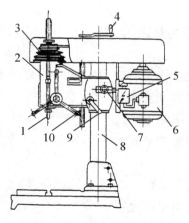

图4-4 Z 512型台式钻床

下面以Z 512型台式钻床为例介绍钻床的使用。

（1）主轴1的旋转是由电动机6经V带带动的。改变V带在带轮3上的位置，就可使主轴获得快慢不同的5种转速。主轴的大端带有锥孔，用来安装钻夹头或直接安装一定尺寸的钻头。

（2）刀具的进给运动是通过手柄 10 和手柄轴上的齿轮与主轴套筒齿条的啮合而获得的。转动手柄 10 ，主轴就随着主轴套筒作上下移动，从而实现刀具的进给运动。

（3）头架 2 包括电动机和主轴， 根据钻孔需要可沿立柱 8 作上升和下降移动，也可绕立柱转动。

（4）台式钻床在工作时，锁紧机构都要处于锁紧状态。

使用台式钻床时应注意以下几点。

（1）在使用过程中，工作台面必须保持清洁。

（2）钻通孔时必须使钻头能通过工作台面上的让刀孔，或者在工件下垫上垫铁，以免钻坏工作台面。

（3）用后必须将机床外露滑动面及工作台面擦拭干净，并对各滑动面及各注油孔加注润滑油。

4.1.4　钳工基本操作中常用的工具和量具

常用工具有划线用的划针、划线盘、划规（圆规）、中心冲（样冲）和平板， 錾削用的手锤和各种錾子；锉削用的各种锉刀；锯削用的锯弓和锯条；孔加工用的各类钻头、锪钻和铰刀；攻、套螺纹用的各种丝锥、板牙和铰杠；刮削用的平面刮刀和曲面刮刀及各种扳手和旋具等。

常用量具有钢尺、刀口形直尺、内外卡钳、游标卡尺、千分尺、90°角尺、角度尺、塞尺、百分表等。

4.1.5　安全和文明生产的基本要求

遵守劳动纪律，执行安全操作规程，严格按工艺要求操作是保证产品质量的关键。安全是为了生产，生产时必须保证安全。

安全和文明生产的基本要求如下。

（1）钳工设备的布局：钳台要放在便于工作和光线适宜的地方；钻床和砂轮机一般应安装在场地的边沿，以保证安全。

（2）使用的机床、工具要经常检查，发现损坏应及时上报，在未修复前不得使用。

（3）使用电动工具时，要有绝缘防护和安全接地措施。使用砂轮时，要戴好防护眼镜。

（4）在钳台上进行錾削时，要有防护网，清除切屑要用刷子，不要直接用手清除或用嘴吹。

（5）毛坯和加工零件应放置在规定位置，排列整齐，应便于取放，并避免碰伤已加工表面。

（6）工具、量具的安放要求：

① 在钳台上工作时，为了取用方便，右手取用的工具、量具放在右边，左手取用的工具量具放在左边，各自排列整齐，不能使其伸到钳台边缘外。

② 量具不能与工具或工件混放在一起，应放在量具盒内或专用格架上。

③ 常用的量具要放在工作位置附近。

④ 工具、量具收放时要整齐地放入工具箱内，不应任意堆放，以防损坏和取用不便。

（7）女生必须戴安全帽；钻孔时不能戴手套操作。

4.2 常用长度单位和常用量具

为了保证产品质量，必须对加工过程中及加工完毕的工件进行严格的测量。用来测量工件及产品形状、尺寸的工具称为量具或量仪。

量具的种类很多，根据其用途及特点不同，可分为万用量具、专用量具和标准量具等。这里只介绍钳工常用的量具，如钢直尺（在 4.3 节中介绍）、游标卡尺、外径千分尺、百分表和塞尺等。

4.2.1 长度单位

我国长度单位采用米制，它是十进制。机械工程上使用的米制长度单位的名称、代号和进位关系如表 4-1 所示。

表 4-1 常用长度单位的名称和代号

单 位 名 称	符 号	对基准单位的比
米	m	基准单位
分米	dm	10^{-1}m(0.1m)
厘米	cm	10^{-2}m(0.01m)
毫米	mm	10^{-3}m(0.001m)
丝米	dmm	10^{-4}m(0.0001m)
忽米	cmm	10^{-5}m(0.00001m)
微米	μm	10^{-6}m(0.000001m)

注：丝米、忽米不是法定计量单位，在工厂中采用。其中忽米在工厂中又称"丝"；

　　在机械制造中，英制尺寸常用英寸为主要计量单位，1 英寸=25.4mm。

4.2.2 游标卡尺

游标卡尺是一种适合测量中等精度尺寸的量具，可用来测量长度、厚度、外径、内径、孔深和中心距等。按其测量精度不同，读数值有 0.1mm、0.05mm 和 0.02mm 三种。

1．游标卡尺的结构

图 4-5 所示的是普通游标卡尺示意图。它主要由主尺、副尺（又称游标）、固定卡爪、活动卡爪、锁紧螺钉等部分组成。

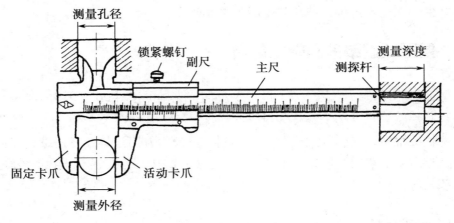

图 4-5　普通游标卡尺

普通游标卡尺主、副尺上都有刻线。松开锁紧螺钉，可推动副尺在主尺上移动并对工件尺寸进行测量。量得尺寸后，可拧紧螺钉使副尺紧固在主尺上，防止测量尺寸变动，以保证读数准确。上端两个卡爪可测量孔径、孔距及槽宽等；下端两个卡爪可测量外径和长度等；尺后的测深杆可用来测量内孔和沟槽深度等。

2．游标卡尺的刻线原理及读数方法

游标卡尺的刻线原理和读数方法如表 4-2 所示。

表 4-2　游标卡尺的刻线原理及读数方法

精度值	刻线原理	读数方法及示例
0.1mm	主尺 1 格＝1mm 副尺 1 格＝0.9mm，共 10 格 主、副尺每格差＝1-0.9＝0.1mm	读数＝副尺零线左面主尺的毫米整数+副尺与主尺重合线数×精度值 示 例：读 数 ＝30+4×0.1＝30.4mm

续表

精度值	刻 线 原 理	读数方法及示例
0.05mm	主尺 1 格=1mm 副尺 1 格= 0.95mm，共 20 格 主、副尺每格差=1-0.9 5=0.05mm 0 25 50 75 1	方法同上 示 例 ： 读 数 = 58+14×0.05= 58.70mm 6 7 8 9 0 25 50 75 1
	主尺 1 格=1mm 副尺 1 格=1.95mm，共 20 格 主尺 2 格与副尺 1 格差= 2-1.95=0.05mm 0 25 50 75 1	
0.02mm	主尺 1 格=1mm 副尺 1 格= 0.98mm，共 50 格 主、副尺每格差=1－0.98=0.02mm 0 1 2 3 4 5 6 7 8 9 1	方法同上 示 例 ： 读 数 =26 +12×0.02= 26.24mm 3 4 5 0 1 2 3 4 5 6

3．游标卡尺的使用方法

使用游标卡尺时，首先应根据被测工件的特点选用卡尺的类型，然后再按工件尺寸的大小和尺寸精度要求选用卡尺的测量范围和读数值。使用时，先并拢卡爪检查主尺、副尺零线是否对齐，然后用右手拨开游标，使工件置于卡爪间，再轻轻推动游标至卡爪接触到工件表面，并与两个被测面贴合，紧固螺钉后轻轻移出卡尺读数。

根据游标卡尺的使用特点，比较常用的还有深度游标卡尺、高度游标卡尺、 齿厚游标卡尺等。它们的使用场合不同，但其刻线原理与普通游标卡尺相同。

4．游标卡尺使用注意事项

（1）测量前，应检查校对零位的准确性。擦拭干净卡爪的两个测量面，并将两个测量面接触贴合，如无透光现象（或有极微的均匀透光）且尺身与游标的零线正好对齐，说明游标卡尺零位正确。否则，说明游标卡尺的两个测量面已有磨损，测量的示值不准确，必须对读数加以相应的修正。大规格的游标卡尺要用标准棒校准检查。

（2）测量时，工件与游标卡尺要对正，测量位置要准确，两个卡爪要与被测工件表面贴合，不能歪斜，并掌握好两个卡爪与工件接触面的松紧程度，既不能太紧，也不能太松。

（3）读数时，要正对游标刻线，看准对齐的刻线，不能斜视，以减少读数误差。

（4）不能用游标卡尺测量铸、锻件等毛坯尺寸。

（5）使用后，应将游标卡尺擦拭干净后放到专用盒内。

4.2.3 外径千分尺

外径千分尺是一种常用的精密量具，它的测量精度比游标卡尺高，而且使用方便，测力恒定，调整简单，应用广泛。对于加工尺寸精度要求较高的工件，一般采用外径千分尺进行测量。外径千分尺的测量精度为 0.01mm。

1．外径千分尺的结构

外径千分尺主要由尺架、测微螺杆、微分筒、测力装置和锁紧装置等几部分组成，如图 4-6 所示。

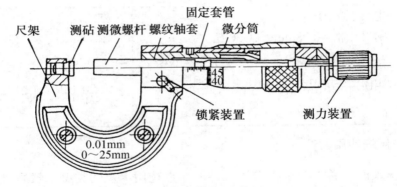

图 4-6　外径千分尺

尺架为一弓形零件，是外径千分尺的基础件，各组成部分都装在它的上面。当转动微分筒时，便促使测微螺杆向左移动，对工件进行测量并显示出测量数值。转动测力装置可控制测微螺杆对工件施加的测量力并保持恒定，以避免由于测量力不同而产生测量误差。在必要的时候，可扳动锁紧装置将测微螺杆锁紧在任一位置。

2．外径千分尺的刻线原理和读数方法

（1）刻线原理。外径千分尺测微螺杆螺距为 0.5mm，当微分筒每转一周时，测微螺杆便沿轴线移动 0.5mm。微分筒的外锥面上分为 50 格，所以当微分筒每转过一小格时，测微螺杆便沿轴线移动 0.5mm/50=0.01mm，在外径千分尺的固定套管上刻有轴向中线，作为微分筒的读数基准线，并相互错开 0.5mm。上面一排刻线标出的数字表示毫米整数值；下面一排刻线未标数字，表示对应于上面刻线的半毫米值。

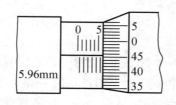

图4-7 外径千分尺的读数方法

（2）读数方法。用外径千分尺测量工件时，读数方法分三步。

第一步，读出微分筒边缘以左在固定套管上所显示的刻线数值，就是被测尺寸的毫米数，如图4-7所示中为5.5mm。

第二步，读出微分筒上与固定套管的基线对齐的那条刻线数值，即为不足半毫米的测量值，如图4-7所示中为0.46mm。

第三步，把两个读数加起来即为测得的实际数值，图 4-7 所示中的测量值应为5.5mm+0.46mm=5.96mm。

3．外径千分尺的使用方法

按测量范围分，外径千分尺的规格有 0～25mm、25～50mm、50～75mm、75～100mm、100～125mm 等。每种规格测微螺杆的移动量均为25mm。

测量前，应根据被测尺寸选取合适的规格。当被测尺寸的精度较高时，应选用 0 级精度的外径千分尺，一般的尺寸精度选用 1 级精度的外径千分尺。

测量时，将零件置于测砧与测微螺杆间，转动微分筒使测微螺杆接近被测面时改旋测力装置至听到"吱吱"声为止，可拧紧锁紧装置，取出外径千分尺读数。

按千分尺不同的使用特点，还有内径千分尺、深度千分尺、螺纹千分尺等，它们的刻线原理、读数方法与外径千分尺相同。

4．外径千分尺使用注意事项

（1）使用前应将外径千分尺的工作面和工件的被测表面擦拭干净，不允许有任何污物，然后再校准零位。

（2）测量时外径千分尺要放正，以免造成测量误差。

（3）严禁在毛坯工件上、正在运动着的工件或过热的工件上进行测量，以免损失外径千分尺的精度或影响测得的尺寸精度。

（4）注意在读测量数值时，防止在固定套管上多读或少读 0.5mm 而造成废品。

4.2.4 百分表

百分表是齿轮传动式测微量具，属于机械式指示量具，用于测定工件相对于规定值的偏差。百分表可用来检验机床精度和测量工件的尺寸、形状和位置误差。

1. 百分表的结构和读数方法

图 4-8 所示的是百分表外形。测量杆上装有触头，当测量杆移动 1mm 时，大指针转动一周，由于表盘上共有 100 格，因此大指针每转一格，表示测量杆移动 0.01mm。当大指针每转一周时，表盘上的小指针转一格，用以表示测量杆移动的毫米数。

2. 百分表的使用方法

百分表在使用时要装夹在专用的表架上，如图 4-9 所示。表架底座应放在平整的位置上，有的底座带有磁性，可牢固地吸附在钢铁制件的平面上。百分表在表架上的上下、前后及角度都可以调节。

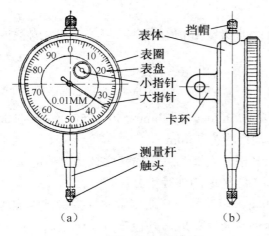

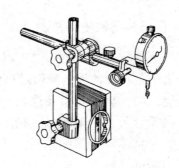

图 4-8　百分表　　　　　　　图 4-9　百分表的安装方法

3. 百分表使用注意事项

（1）使用前要检查百分表的灵敏情况及校准尺寸。

（2）测量平面时，百分表的测量杆轴线应与平面垂直；测量圆柱形工件时，测量杆轴线要与工件轴线垂直。否则测量杆移动不灵活，测量结果不准确。

（3）测量工件时，被测表面应擦拭干净，并且不可使触头突然接触工件。

（4）测量时测量头升降范围不能太大，以减少因自身间隙而产生的测量误差。

（5）在不便用普通百分表测量的地方（如沟槽等），可以选用杠杆百分表；当测量孔径尺寸和孔的形状误差时，应选用内径百分表，它对于测量一般深孔极为方便。

4.2.5　塞尺

塞尺是用来检验结合面之间间隙大小的片状量规，如图 4-10 所示。塞尺由不同厚度的金属薄片组成，每个薄片有两个相互平行的测量平面，其厚度尺寸较准确，长度有

50mm、100mm、200mm 三种，由若干片厚度为 0.02～1mm（中间每片相差 0.01mm）或厚度为 0.1～1mm（中间每片相差 0.05mm）的金属薄片组成一套，叠合在夹板里。

图 4-10　塞尺

使用塞尺测量时，根据间隙大小，可用一片或数片叠在一起插入间隙内，插入深度应在 20mm 左右，以判断间隙的范围。例如，用 0.25mm 的塞尺片可以插入两个工件的缝隙中，而 0.3mm 的塞尺片插不进去，说明两个工件的结合间隙为 0.25～0.30mm。

由于塞尺很薄，易弯曲或折断，测量时不能用力太大，并应在结合面多处检查，其最大值为两结合面的最大间隙。塞尺用后要擦净其测量面，及时合到夹板中，以免损伤金属薄片。

4.3　划线

根据图样或技术文件的要求，在毛坯或半成品上用划线工具划出加工界线，或作为找正检查依据的辅助线，这种操作称为划线。

划线分为平面划线和立体划线。平面划线是指只在工件的一个表面上划线，如图 4-11（a）所示。立体划线是指在工件的不同表面（通常是互相垂直的表面）内划线，如图 4-11（b）所示。

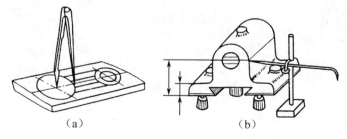

（a）　　　　　　　　　　　（b）

图 4-11　划线种类

对划线的要求是：线条清晰、均匀，定形、定位尺寸准确。考虑到线条宽度等因素，一般要求划线精度达到 0.25～0.5mm。工件的完工尺寸不能完全由划线确定，而应在加工过程中，通过测量以保证尺寸的准确性。

划线主要有以下作用。

（1）确定工件的加工余量，使加工有明显的尺寸界线。

（2）便于复杂工件在机床上的装夹，可以按划线找正定位。

（3）能够及时发现和处理不合格的毛坯。

（4）当毛坯误差不大时，可通过借料划线的方法进行补救，提高毛坯的合格率。

划线是机械加工的重要工序之一，广泛应用于单件和小批量生产，是钳工应该掌握的一项重要操作。

4.3.1　划线工具及其使用方法

1．划线工具

常用划线工具如图 4-12 所示。

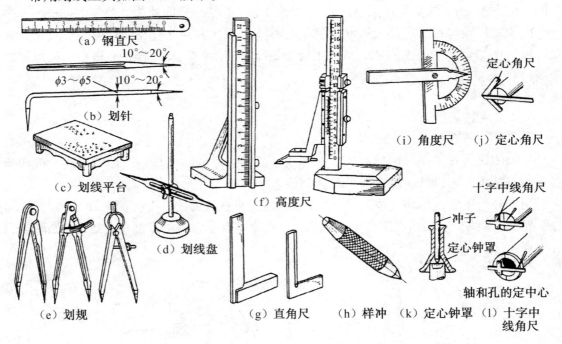

图 4-12　划线工具

2．使用方法

（1）钢直尺如图 4-12（a）所示。钢直尺是一种简单的测量工具和划直线的导向工具，在尺面上刻有尺寸刻线，最小刻线距为 0.5mm，其规格有 150mm、300mm、500mm、1000mm 等。钢直尺的使用如图 4-13 所示。

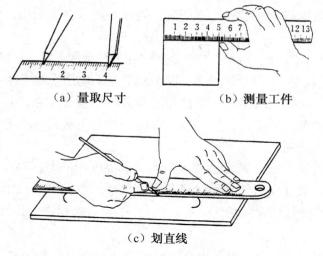

（a）量取尺寸　　　　（b）测量工件

（c）划直线

图4-13　钢直尺的使用

（2）划线平台（又称划线平板）是用来安放工件和划线工具，并在其工作面上完成划线过程的基准工具，如图4-12（c）所示。划线平台一般由铸铁制成，工件面即上表面经过精刨或刮削加工而成为平面度较高的平面，以保证划线的精度。划线平台一般用木架搁置，高度在1m左右。

划线平台使用应注意以下几点。

① 划线平台工作表面应经常保持清洁。

② 工件和工具在平台上都要轻拿、轻放，不可损伤其工作面。

③ 用后要擦拭干净，并涂上机油防锈。

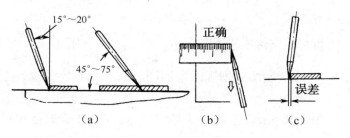

图4-14　划针的使用

（3）划针是指直接在工件上划线的工具，如图4-12（b）所示。划针由弹簧钢丝或高速钢制成，直径一般为3～5mm，尖端磨成15°～20°，并淬硬。有的划针在尖端部位焊有硬质合金，耐磨性更好。

使用注意事项：在用钢直尺和划针连接两点的直线时，应先用划针和钢直尺定好后一点的划线位置，然后调整钢直尺使与另一点的划线位置对准，再划出两点的连接直线；划线时针尖要紧靠导向工具的边缘，上部向外侧倾斜 15°～20°，向划线移动方向倾斜约45°～75°，正确使用划针的方法如图4-14所示；针尖要保持尖锐，划线要尽量一次划成，使划出的线条既清晰又准确；不用时，划针不能放在衣袋中，最好套上塑料管不使针尖外露。

（4）划线盘如图4-12（d）所示。划线盘用来在划线平台上对工件进行划线或找正工件在平台上的正确安放位置。划针的直头端用来划线，弯头端用于对工件安放位置的找正。

使用注意事项：使用划线盘时，划针伸出部分应尽量短一点，并要牢固地夹紧，以避免划线时产生振动和尺寸变动；使用后，应将划针直头端向下并处于直立状态，以保证安全和减少所占的空间。

（5）高度尺如图4-12（f）所示。高度尺有普通高度尺和游标高度尺两种。普通高度尺由钢直尺和底座组成，用以给划线盘量取高度尺寸。游标高度尺附有划针脚，能直接表示出高度尺寸，其读数精度一般为0.02mm，可作为精密划线工具，常用于在半成品上划线。

（6）直角尺如图4-12（g）所示。直角尺的两条直角边互为90°，是钳工常用的测量工具。划线时直角尺常作为划平行线条和垂直线条的导向工具，也可用来在立体划线时找正工件在平板上的垂直线和垂直面，如图4-15所示。

（a）划平行线条

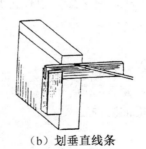
（b）划垂直线条

图4-15　直角尺的使用

图4-16　划规划圆

（7）划规如图4-12（e）所示。划规用来划圆、圆弧、等分线段、等分角度和量取尺寸及找正工件中心。

使用注意事项：划规两脚的长短要磨得稍有不同，而且两脚合拢时脚尖能靠紧，这样才能划出尺寸较小的圆弧；划规的脚尖应保持尖锐，以保证划出的线条清晰；用划规划圆时，作为旋转中心的一脚应加以较大的压力，另一脚则以较轻的压力在工件表面上划出圆或圆弧，以避免中心滑动，如图4-16所示。

（8）样冲如图4-12（h）所示。样冲用于在工件所划加工线条上打样冲眼（冲点），作加强界限标志（称为检验样冲眼）和作划圆弧或钻孔时的定位中心（又称中心样冲眼）。样冲一般用工具钢制成，尖端处淬硬，其顶尖角度在用于加强界限标记时约为40°，用于钻孔定中心时约取60°。

冲点方法：先将样冲外倾使尖端对准线的正中，然后再将样冲立直冲点，如图4-17所示。

冲点要求：位置要准确，冲点不可偏离线条，如图4-18所示；在曲线上冲点距离应短一些，在直线上冲点距离可长一些，但短直线至少有三个冲点；在线条的交叉转折处必须冲点；冲点的深浅要掌握适当，在薄壁上或光滑表面上冲点要浅些，粗糙表面上要深些。

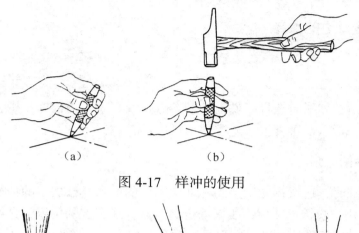

图4-17　样冲的使用

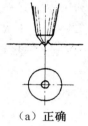 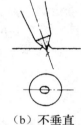 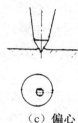

（a）正确　　　　　　　（b）不垂直　　　　　　　（c）偏心

图4-18　中心样冲眼

（9）角度尺如图4-12（i）所示，常用于划角度线，角度尺的使用如图4-19所示。

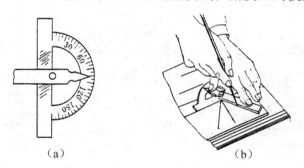

（a）　　　　　　　　　　　　　　　（b）

图4-19　角度尺的使用

4.3.2　划线的要求

划线除要求划出的线条清晰均匀外，最重要的是保证尺寸准确。在立体划线中还应注意使长、宽、高三个方向的线条互相垂直。当划线发生错误或准确度太低时，就有可能造成工件报废。由于划出的线条总有一定的宽度，以及在使用划线工具和测量调整尺寸时难免产生误差，因此不可能绝对准确，一般的划线精度能达到0.25～0.5mm。因此，通常不能只依靠划线直接确定加工时的最后尺寸，而必须在加工过程中，通过测量来保证尺寸的准确度。

4.3.3 划线基准的选择

1. 划线基准

划线基准是指在划线时选择工件上的某个点、线、面作为依据，用它来确定工件的各部分尺寸、几何形状及工件上各要素的相对位置。

2. 选择基准的原则

选择划线基准时，应根据图纸上的标准、零件的形状及已加工的情况来确定。零件图上总有一个或几个起始尺寸标注线来确定其他点、线、面的位置，这些起始尺寸标注线就是设计基准。选择划线基准时应尽量与设计基准一致。划线时，工件上每个方向都要选择一个主要划线基准。平面划线要选择两个主要划线基准；立体划线要选择三个主要划线基准。

根据零件加工的情况，平面划线的基准常见的有以下三种类型。

（1）以两个互相垂直的平面（或线）为基准，如图4-20（a）所示。

（2）以两条互相垂直的中心线为基准，如图4-20（b）所示。

（3）以一个平面和一条中心线为基准，如图4-20（c）所示。

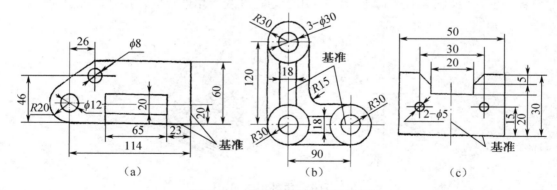

图4-20　常用划线基准的类型

4.3.4 划线前的准备

（1）熟悉图纸。划线前应熟悉图纸，做到心中有数；明确需要哪些工具，先划哪些线条，后划哪些线条等。

（2）清理工件。划线前应对工件进行去杂质、毛刺、洗净油污等清理工作，以便涂色划线。

（3）工件的检查。划线前应对工件进行检查，及时发现缺陷并予以修正及剔除废品，以免造成损失。

（4）工件的涂色。为了使划出的线条清晰，一般划线前应在工件表面上涂上一层薄而均匀的涂料。一般铸铁件涂石灰水，小件涂粉笔，半成品涂蓝油（或称蓝钒）或硫酸铜溶液。

（5）在工件孔中装塞块。划线前如需找出毛坯孔的中心时，应先在孔中装入木块或铅块。

4.3.5 常用划线方法

任何工作图样都是由直线、曲线、圆、圆弧等线型组合而成的，为在待加工件表面上划出上述线型或工件轮廓，就必须懂得简单线型的划法。它包括划平行线、划垂直线、划角度线、等分圆周作正多边形、划直线与圆弧相切、划圆弧与圆弧相切等。这些线型的划法在机械制图中已有介绍，这里不再重述。

4.3.6 划线技能训练

1. 划线要求

（1）掌握划线的概念和作用。

（2）正确使用平面划线工具。

（3）能根据图纸要求对加工件进行平面划线及简单的立体划线。

2. 划线时使用的工具、量具

划线时使用的工具、量具有划线平台、钢尺、直角尺、划针、划规、样冲、手锤等。

3. 划线操作过程（以图 4-21 为例）

（1）检查毛坯（是否有足够的加工余量）。如果毛坯合格，再对毛坯进行清理。

（2）在毛坯划线表面上均匀地刷涂料，待涂料干后再进行划线。

（3）分析图样，根据工艺要求，明确划线位置，确定基准（高度为 A 面，宽度方向为中心线 B），如图 4-21（a）所示。

（4）确定待划图样位置，划出高度基准 A 的位置线，如图 4-21（b）所示，并相继划出其他要素的高度位置线（即平行于基准 A 的线，仅划交点附近的线条）。

（5）划出宽度基准 B 的位置线，同时划出其他要素宽度的位置线，如图 4-21（c）所示。

（6）用样冲打出各圆心的冲孔，并划出各圆和圆弧，如图 4-21（d）所示。

（7）划出各处的连接线，完成工件的划线工作。

（8）检查图样各方向划线基准选择的合理性，各部分尺寸的正确性。线条要清晰、无遗漏、无错误。

（9）打样冲眼，显示各部尺寸及轮廓，如图 4-21 （e）所示，工件划线结束。

（10）自检合格后交给教师验收。

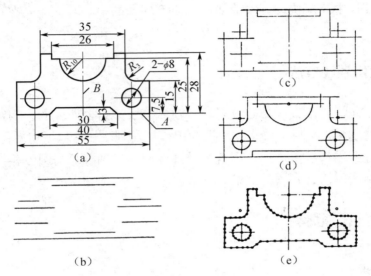

图 4-21　划线技能训练

4.4　錾削

錾削又称凿削，是利用锤子锤击錾子，实现对工件切削加工的一种方法。目前錾削工作主要用于不便于机械加工的场合，如去除毛坯上的凸缘、毛刺，分割材料，錾削粗糙表面及沟槽等。

通过錾削工作的锻炼，可以提高锤击的准确性，为装拆机械设备打下扎实的基础。

4.4.1　錾削工具

1. 錾子

錾子由头部、切削部分及錾身三部分组成。头部有一定的锥度，顶端略带球形，以便锤击时作用力容易通过錾子中心线，使錾子保持平稳。錾身多呈八棱形，以防止錾削时錾子转动。錾子的种类及应用如表 4-3 所示。

表 4-3　錾子的种类及应用

名　称	图　形	应　用
扁錾 （平錾）		錾切平面、去除铸件毛边、分割薄金属板或切断小直径棒料
尖錾 （狭錾）		錾槽或沿曲线分割板料
油槽錾		錾削润滑油槽

2. 锤子

锤子是钳工常用的敲击工具，它由锤头、木柄和楔子组成，如图 4-22 所示。其规格是指锤头的质量，常用的有 0.25kg、0.5kg 和 1kg 等。木柄装入锤头孔内时应用楔子揳紧，以确保锤头不会松动。

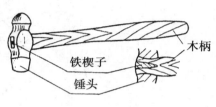

图 4-22　锤子

4.4.2　錾削操作姿势

1. 锤子的握法

（1）紧握法。用右手五指紧握锤柄，大拇指合在示指上，虎口对准锤头方向，木柄尾端露出 15～30mm。在挥锤和锤击过程中，五指始终紧握，保持不变，如图 4-23（a）所示。

（2）松握法。只用大拇指和示指始终紧握锤柄。在挥锤时，小指、无名指、中指则依次放松；在锤击时，又以相反的次序收拢握紧，如图 4-23（b）所示。这种握法的优点是手不易疲劳，且锤击力大。

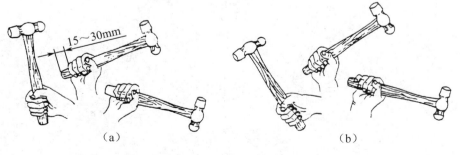

（a）　　　　　　　　　　　　　　　（b）

图 4-23　锤子的握法

2．錾子的握法

（1）正握法。手心向下，腕部伸直，用中指、无名指握住錾子，小指自然合拢，示指和大拇指自然弯曲，錾子头部伸出约 20mm，如图 4-24（a）所示。

（2）反握法。手心向上，五指捏住錾子，手掌悬空，如图 4-24（b）所示。

3．錾削时的站立位置

操作时站立位置如图 4-25 所示。身体与台虎钳中心线成 30°～45°，且略向前倾，左脚跨前半步。膝盖处稍有弯曲，保持自然，右脚要站稳伸直，不要过于用力。

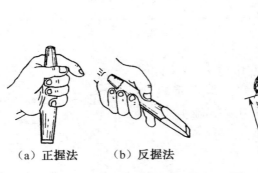

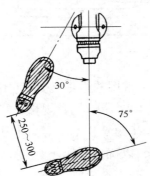

（a）正握法　　（b）反握法

图 4-24　錾子的握法　　　　图 4-25　錾削时的站立位置

4．挥锤方法

挥锤有腕挥、肘挥和臂挥三种方法，如图 4-26 所示。腕挥是仅用手腕的动作进行锤击运动，采用紧握法握锤，一般用于錾削余量较少及錾削开始或收尾；肘挥是用手腕与肘部一起挥动做锤击运动，采用松握法握锤，因挥动幅度较大，故锤击力也较大，这种方法应用最多；臂挥是手腕、肘和全臂一起挥动，其锤击力最大，用于需要大力錾削的工件。

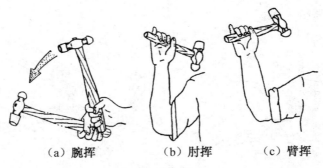

（a）腕挥　　　　（b）肘挥　　　　（c）臂挥

图 4-26　挥锤方法

5. 锤击速度

錾削时锤击要稳、准、狠，其动作要一下一下有节奏地进行，一般在肘挥时每分钟约 40 次，腕挥时每分钟约 50 次。锤击时，眼睛要看工件的被錾削部位，不要看錾子分散注意力，这样才能保证錾削工作的顺利进行。

手锤敲下去应具有加速度，以增加锤击的力量。手锤从它的质量（m）和手（或手臂）提供给它的速度（v）获得动能，其计算公式为 $w=mv^2/2$，故当手锤的质量增加一倍，动能也增加一倍；而速度增加一倍，则动能将是原来的 4 倍。

6. 锤击要领

（1）挥锤。肘收臂提，举锤过肩；手腕后弓，三指微松；锤面朝天，稍停瞬间。

（2）锤击。目视錾刃，臂肘齐下；收紧三指，手腕加劲；锤錾一线，锤走弧形；左脚着力，右腿伸直。

（3）要求。稳——速度节奏为每分钟 40 次；准——命中率高；狠——锤击有力。

4.4.3 錾削操作方法

1. 錾削平面的方法

使用平錾錾削平面每次錾削深度以 0.5～2mm 为宜，錾削过程可分为起錾、錾削和终錾三个阶段。

（1）起錾。起錾方法有斜角起錾和正面起錾两种，如图 4-27 所示。在錾削平面时，应采用斜角起錾的方法，即先在工件的边缘尖角处，将錾子放成-θ 角，如图 4-27（a）所示，錾出一个斜面，然后按正常的錾削角度（$\alpha=5°～8°$）逐步向中间錾削。在錾削槽时，则必须采用正面起錾，即起錾时全部刃口贴住工件錾削部位的端面，如图 4-27（b）所示，錾出一个斜面，然后按正常角度錾削。这样的起錾可避免錾子的弹跳和打滑，且便于掌握加工余量。

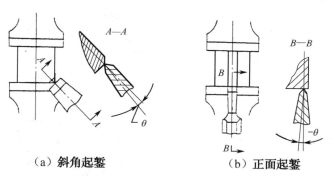

（a）斜角起錾　　　　　　　　（b）正面起錾

图 4-27　起錾方法

（2）錾削。錾削时的切削角度一般应使后角 θ 为 5°～8°。后角过大，錾子易向工件深处切入；后角过小，錾子易从錾削部位滑出。

在錾削过程中，一般每錾削两三次后，可将錾子退回一些，作短暂的停顿，然后再将刃口顶住錾削处继续錾削。这样，既可随时观察錾削表面的平整情况，又可使手臂肌肉得到放松。

（3）终錾。在一般情况下，当錾削离尽头 10～15mm 时，必须调头錾去余下的部分，当錾削脆性材料（如铸铁、青铜）时更应如此，否则，工件尽头处就会崩裂，如图 4-28 所示。

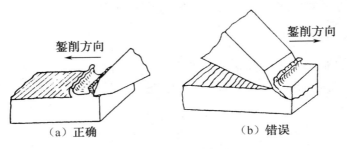

图 4-28　錾削结尾

2．錾切板料的方法

（1）錾切 2mm 以下的板料时，应先将板料夹持在台虎钳上，并使錾切线与钳口平齐，然后再用平錾与钳口平面贴平，刃口略向上翘，錾子中心斜对板料约成 45°，自右向左錾削，如图 4-29 所示。如果板料尺寸较大或錾切线有曲线而不能在台虎钳上錾切的，可放在铁砧（或旧平板）上进行，如图 4-30 所示。此时，錾子的切削刃应磨出适当的圆弧，这样，錾切时前、后錾痕容易接正。

（2）錾切较厚的板料时，可在铁砧上沿錾切线从板料的正、反两面錾出凹痕，然后再敲断。当錾切的形体较复杂时，应先按轮廓线钻出密集的排孔，然后再用錾子逐步錾切。

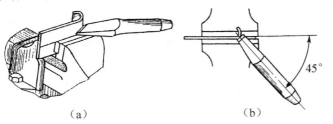

图 4-29　在台虎钳上錾切板料

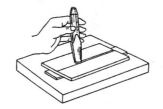

图 4-30　在旧平板上錾切板料

4.4.4　錾削操作注意事项

（1）锤子有松动或损坏时要及时更换，以防锤头飞出。

（2）錾子头部、手锤头部和木柄均不应沾油，以防打滑。

（3）錾子要保持锋利，过钝的錾子不但工作费力，若錾削表面不平整，且容易产生打滑或伤手。

（4）錾子头部有明显毛刺时要及时磨掉，避免铁屑碎裂飞出伤人，操作者也必须戴上防护眼镜。

（5）工件必须夹稳固，伸出钳口高度为 10～15mm，且工件下要加垫木。

4.4.5 錾削技能训练

1．錾削要求

（1）錾削姿势正确。

（2）正确使用錾削工具。

2．錾削时使用的工具、量具

錾削时使用的工具、量具有呆錾、无刃口錾、平錾和手锤，以及划线和测量工具等。

3．挥锤和握錾练习

（1）练习挥锤。将呆錾子夹紧在台虎钳上，如图 4-31 所示，左手按握錾要求握住呆錾子，进行挥锤练习，直到达到一定的锤击命中率。

（2）用无刃口錾子进行錾削练习。将凸台工件夹紧在虎钳上，采用无刃口錾子对着凸台部分进行模拟錾削，要求錾削姿势正确，动作协调，并有一定的锤击力，如图 4-32 所示。

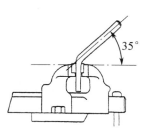

图 4-31　挥锤练习

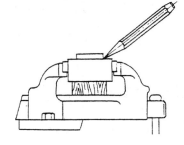

图 4-32　用无刃口錾进行錾削练习

4．錾削平面训练（以图 4-33 为例）

毛坯为凸台工件，操作过程如下。

（1）检查毛坯尺寸，并划出 A 面加工线（四周）。

（2）将工件夹紧在台虎钳上，使 A 面加工线平行于钳口平面并伸出 5mm 左右。

（3）先分几次用平錾錾去凸台部分，每次錾切量以 1～2mm 为宜（为了錾削顺利，也可在凸台顶面划出槽加工线，然后先用尖錾錾槽，再用平錾錾除槽间的窄凸台），注意起錾和终錾。

然后用同样的方法錾去剩余的余量，并达到平面度 1mm 和尺寸 30±1mm 的要求。

（4）去毛刺，自检合格后交给教师验收。

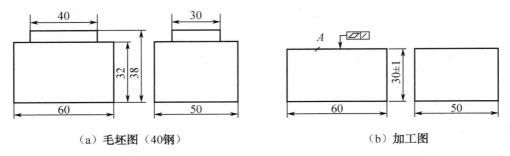

（a）毛坯图（40钢）　　　　　　　（b）加工图

图 4-33　錾削平面

4.5　锯削

锯削主要是指用手锯对材料或工件进行分割或锯槽的加工方法。锯削适用于较小材料或工件的加工、锯掉工件上的多余部分，或在工件上锯槽等，如图 4-34 所示。

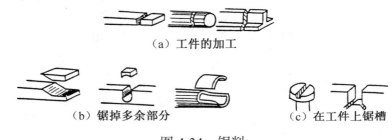

（a）工件的加工

（b）锯掉多余部分　　　　（c）在工件上锯槽

图 4-34　锯削

4.5.1　锯削工具

手工锯削所使用的工具是手锯，由锯弓和锯条两部分组成。

1．锯弓

锯弓用于安装和张紧锯条，有固定式和可调节式两种，如图 4-35 所示。固定式锯弓只能安装一种长度的锯条；可调节式锯弓的安装距离可以调节，能安装多种长度的锯条，并且可调节式锯弓的锯柄形状便于用力，目前被广泛使用。

锯弓两端都装有夹头，一端是固定的，一端是活动的。当锯条装在两端夹头的销子上后，旋紧活动夹头上的翼形螺母就可以把锯条拉紧。

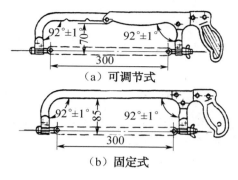

（a）可调节式

（b）固定式

图 4-35　锯弓种类

2. 锯条

锯条一般用渗碳软钢冷轧而成，经热处理淬硬。锯条的长度以两端安装孔中心距来表示，常用长度为 300mm。

锯齿的粗细以锯条每 25mm 长度内的齿数来表示。锯齿粗细的分类及应用如表 4-4 所示。锯削工件时，截面上至少要有三个齿能同时参加工作，才能避免锯齿被钩住而崩断的现象。

表 4-4　锯齿的粗细规格及应用

	每 25mm 长度内齿数	应　　用
粗	14 ~ 18	锯削软钢、黄铜、铝、铸铁、紫铜、人造胶质材料
中	22 ~ 25	锯削中等硬度钢、厚壁的钢管、铜管
细	32	锯削薄片金属、薄壁管子
细变中	20 ~ 32	一般工厂中使用，易于起锯

锯条在制造时，将全部锯齿按一定的规律左右错开，排列成一定形状，称为锯路。如图 4-36 所示。锯路的作用是减少锯缝对锯条的摩擦，使锯条在锯削时不被锯缝夹住或折断。

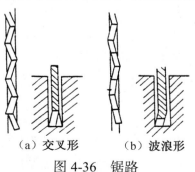

（a）交叉形　　（b）波浪形

图 4-36　锯路

4.5.2 锯削操作方法

1．手锯的握法

右手满握锯弓手柄，大拇指压在示指上。左手控制锯弓方向，大拇指在弓背上，示指、中指、无名指扶在锯弓前段，如图 4-37 所示。

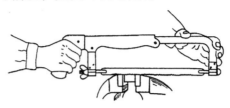

图 4-37　手锯的握法

2．锯削姿势

锯削的站立姿势与錾削基本一致。

3．锯削方法

锯削时推力和压力由右手控制，左手主要配合右手扶正锯弓，压力不要太大。手锯推出时切削，应施加压力，拉回时不切削、不加压力。工件将断时压力要小。

锯削运动一般采用小幅度的上下摆动式运动（即手锯推进时，身体略向前倾，双手随着压向手锯的同时，左手上翘，右手下压，拉回时右手上抬，左手自然跟回）和直线式运动两种，对锯缝底面要求平直的锯削，必须采用直线运动。锯削运动的速度一般为每分钟 40 次左右，锯削硬材料时慢些，锯削软材料时快些，同时，手锯推出时应保持均匀，拉回时速度应相对快些。

4．工件的夹持

工件一般夹在台虎钳的左面，以便操作；工件伸出钳口不应太长（应使锯缝离开钳口侧面 20mm 左右），防止工件在锯削时产生振动；锯缝线要与钳口侧面保持平行（使锯缝线与铅垂线方向一致），便于控制锯缝不偏离划线线条；避免将工件夹变形和夹坏已加工面。

5．锯条的安装

锯条安装应使齿尖的方向朝前，如果装反了，则不能正常锯削，如图 4-38 所示。在调节锯条松紧时，翼形螺母不宜旋得太紧或太松，太紧时锯条受力太大，锯削中用力稍有不当，就会折断；太松则锯削时锯条容易扭曲，也易折断，而且锯缝易歪斜。其松紧程度以用手扳动锯条，感觉硬实即可。锯条安装后要保证锯条平面与锯弓中心平面平行，不得倾斜和扭曲，否则，锯削时锯缝极易歪斜。

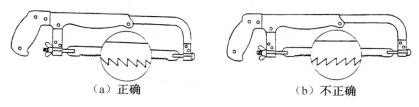

（a）正确　　　　（b）不正确

图 4-38　锯条安装

6. 起锯

起锯是锯削工作的开始，起锯质量的好坏直接影响锯削质量和锯条的使用。起锯时，为保证在正确的位置上起锯，可用左手拇指靠住锯条以引导锯条切入，如图 4-39（a）所示。起锯有远起锯近起锯两种方法，如图 4-39 所示。

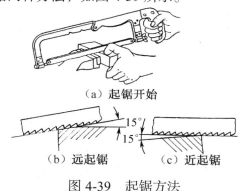

（a）起锯开始

15°　　15°

（b）远起锯　　　（c）近起锯

图 4-39　起锯方法

起锯时所加的压力要小，往复行程要短，速度要慢，起锯角为 15°左右。一般厚型工件要用远起锯，薄型工件宜用近起锯。

7. 收锯

工件将要锯断或要锯到所定尺寸时，用力要小，速度应放慢。对需要锯断的工件，还要用左手扶住工件断开部分，以防锯条折断或工件跌落造成事故。

4.5.3　典型材料的锯削方法

1. 棒料的锯削

如果锯削的断面要求平整，则应从开始连续锯到结束；若锯出的断面要求不高，可分几个方向锯下，这样由于锯削面变小而容易锯入，可提高工作效率。

2．管材的锯削

锯削前可划出垂直于轴线的锯削线。锯削时必须把管材夹正。对于薄壁管材和精加工过的管材，应夹在有 V 形槽的两木衬垫之间，如图 4-40（a）所示，以防将管材夹扁或夹坏表面。

锯削薄壁管材时不可在一个方向从开始连续锯削到结束，否则锯齿易被管壁钩住而崩裂。正确的方法是先在一个方向锯到管材内壁处，然后把管材向推锯方向转过一定角度，并连接原锯缝再锯到管材的内壁处，如此逐渐转动管材，直到锯断为止，如图 4-40（b）所示。

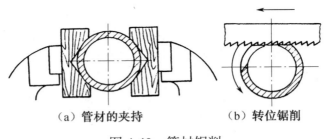

（a）管材的夹持　　　　　　（b）转位锯削

图 4-40　管材锯削

3．薄板料的锯削

锯削时尽可能从宽面上锯下去。当只能在板料的狭面上锯下去时，可用两块木板夹持，连木块一起锯下，避免锯齿被钩住，同时也增加了板料的刚度，使锯削时不发生颤动，如图 4-41（a）所示。也可以把薄板料直接夹在台虎钳上，用手锯作横向斜推锯，使锯齿与薄板接触的齿数增加，避免锯齿崩裂，如图 4-41（b）所示。

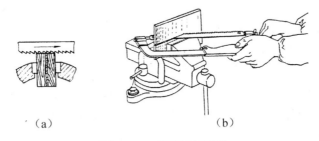

（a）　　　　　　　　　　　（b）

图 4-41　薄板料锯削

4．深缝锯削

当缝深达到或超过锯弓高度时，如图 4-42（a）所示，为了防止锯弓与工件相碰，应将锯条转过 90°重新安装后再锯，如图 4-42（b）所示，或者把锯条装夹成使锯齿朝向锯内进行锯削，如图 4-42（c）所示。

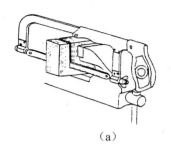 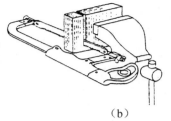 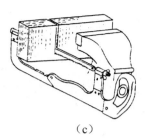

（a） （b） （c）

图 4-42 深缝锯削

4.5.4 锯削技能训练

1．操作要求

（1）要求正确选择和安装锯条，注意起锯方法和起锯角度。

（2）锯削姿势要正确。

（3）能使用手锯锯平面达到图纸要求，适时注意锯缝的平直情况，及时纠正。

2．使用工具

锯削时使用的工具有手锯、划线工具及量具等。

3．操作步骤

（1）按图纸要求划出锯削加工线。

（2）用 V 形钳口（也可直接）将圆钢装夹在台虎钳上，使锯削线超出并靠近钳口，并保证锯削线所在的平面沿铅垂方向。

（3）选用粗齿锯条，并正确安装在锯弓上。

（4）用手锯沿锯削线连续锯到结束，保证尺寸为（20 ±1）mm，平面度误差不大于0.8mm，如图 4-43 所示，用钢尺根据光隙判断或用塞尺配合进行检查，要求锯痕整齐。

（5）去毛刺，自检合格后交给教师验收。

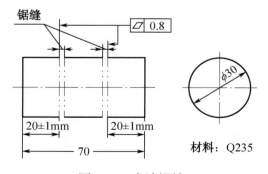

图 4-43 锯削圆钢

4.6 锉削

锉削是用锉刀对工件表面进行切削加工的方法。锉削常安排在錾削和锯削之后，是一种精度较高的加工方法，其尺寸精度最高可达 0.01mm，表面粗糙度可达 0.8μm。

锉削应用十分广泛，可锉削平面、曲面、内外表面、沟槽和各种复杂形状的表面。锉削还可用于配件、制作样板及装配时对工件修饰等。

4.6.1 锉削工具

锉刀是锉削使用的工具，用碳素工具钢 T12、T13 或 T12A、T13A 制成，经热处理淬硬，其切削部分硬度达 62～72HRC。

1. 锉刀的构造

锉刀由锉身和锉柄组成，各部分名称如图 4-44 所示。锉刀面是锉削的主要工作面，锉刀舌则用来装锉刀柄。锉刀有无数个锉齿。锉削时，每个挫齿都相当于一把錾子在对材料进行切削。锉刀的长度是指锉身的长度，锉刀边是指锉刀的两个侧面，有的没有齿，有的其中一边有齿，没有齿的一边称为光边，是为了锉削内直角的一个面时，不会碰伤相邻的面。

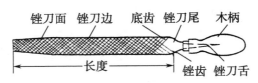

图 4-44　锉刀各部分名称

2. 锉刀的种类

钳工所用的锉刀按其用途不同，可分为普通钳工锉、异形锉和整形锉三大类。

普通钳工锉按其断面形状不同，分为平锉（板锉）、方锉、三角锉、半圆锉和圆锉等；异形锉有刀口锉、菱形锉、扁三角锉、椭圆锉、圆肚锉等；整形锉有刀口锉、菱形锉、扁三角锉、椭圆锉、圆肚锉等，主要用于锉削工件上特殊的表面。整形锉又称什锦锉，主要用于修整工件上的细小部分的表面。

3. 锉刀的规格及选用

方锉刀的尺寸规格以方形尺寸表示；圆锉刀的尺寸规格以直径表示；其他锉刀则以锉身长度来表示。常用的锉刀，锉身长度有 100mm、125mm、150mm、200mm、250mm、300mm、400mm 等。

锉齿的粗细规格，以锉刀每 10mm 轴向长度内的主锉纹条数来表示。主锉纹指锉刀上两个方向排列的深浅不同的齿纹中，起主要锉削作用的齿纹。起分削作用的另一方向的齿纹称为辅齿纹。锉刀齿纹规格及选用如表4-5所示。

表 4-5 锉刀齿纹的粗细规格及选用

锉刀粗细	适合场合		
	锉削余量（mm）	尺寸精度（mm）	表面粗糙度
1 号（粗齿锉刀）	0.5 ~ 1	0.2 ~ 0.5	$R_a100 ~ 25$
2 号（中齿锉刀）	0.2 ~ 0.5	0.05 ~ 0.2	$R_a2 5 ~ 6.3$
3 号（细齿锉刀）	0.1 ~ 0.3	0.02 ~ 0.05	$R_a12.5 ~ 3.2$
4 号（双细齿锉刀）	0.1 ~ 0.2	0.01 ~ 0.02	$R_a6.3 ~ 1.6$
5 号（油光锉刀）	0.1 以下	0.01	$R_a1.6 ~ 0.8$

每种锉刀都有其主要的用途，应根据工件表面形状和大小选用，其具体选择如图4-45所示。

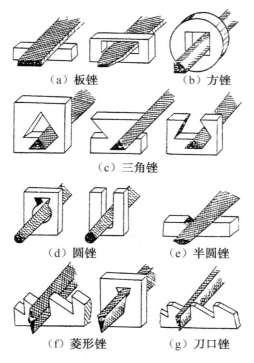

（a）板锉　　　（b）方锉

（c）三角锉

（d）圆锉　　　（e）半圆锉

（f）菱形锉　　　（g）刀口锉

图 4-45 不同加工表面使用的锉刀

4．锉刀的使用规则

（1）不允许使用无柄或破柄锉刀，以防伤手。

（2）不能用新锉刀锉硬金属。

（3）铸锻件有硬皮和砂粒时应先用砂轮磨掉或用錾子剔除后才能锉削，不能用锉刀敲打。

（4）新锉刀应一面用钝后再用另一面。

（5）严禁将锉刀与水、油接触，以防锉削时打滑。

（6）要时常用钢刷沿齿纹方向清理铁屑，以防锉刀刀齿堵塞。

（7）锉刀不能重叠堆放，以防损坏锉齿；也不能用锉刀敲击硬物或当撬棒使用。

（8）在锉削时要充分使用锉刀的有效长度，以免造成局部磨损而缩短锉刀的使用寿命。

（9）使用整形锉时，不能用力过猛，以免折断。

4.6.2 锉削操作姿势

1．锉刀的握法

锉刀的握法如图4-46（a）所示。右手握着锉刀柄，将柄外端顶在拇指根部的手掌上，大拇指放在手柄上，其余手指由下而上握手柄；左手放在锉刀的另一端。当使用长锉刀，锉削余量较大时，用左手掌压在锉刀的另一端部，四指自然弯曲，用中指和无名指握住锉刀，协同右手引导锉刀，使锉刀平直运行，如图4-46（b）所示。当使用2号锉刀或短锉刀，锉削余量较小时，用左手的大拇指和食指捏住锉刀端部，将锉刀端平进行锉削，如图4-46（c）所示。

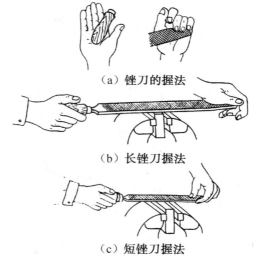

（a）锉刀的握法

（b）长锉刀握法

（c）短锉刀握法

图4-46　锉刀的握法

2．锉削姿势

锉削时的站立姿势与錾削时相似。锉削动作如图4-47所示，两手握住锉刀放在工件上面，左臂弯曲。小臂与工件锉削面的左右方向保持基本平行，右小臂要与工件锉削面的前后方向保持基本平行，但要自然。锉削时，身体先于锉刀前倾并与之一起向前，右脚伸直并稍向前倾，重心在左脚，左膝部呈弯曲状态。当锉刀行至约 3/4 行程时，身体停止前进，两臂继续将锉刀向前锉到头，同时，左脚自然伸直并随着锉削时的反作用力，将身体重心后移，使身体恢复原位，并顺势将锉刀收回。当锉刀收回将近结束，身体又开始先于锉刀前倾，做第二次锉削的向前运动。

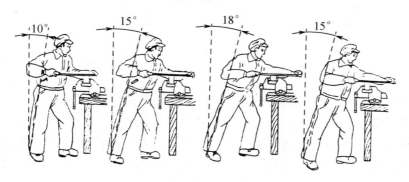

图 4-47 锉削动作

3．锉削时两手的用力和锉削速度

（1）要锉出平直的平面，必须使锉刀保持直线的锉削运动。为此，锉削时右手的压力要随锉刀推动而逐渐增加，左手的压力要随锉刀推动而逐渐减小，如图 4-48 所示。返回时不加压力或将锉刀抬起，以减少锉齿的磨损。

（2）锉削速度一般应在每分钟 40 次，推出时稍慢，返回时稍快，动作要自然协调。

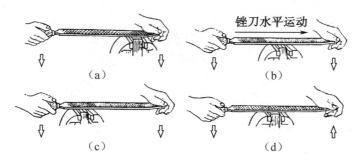

图 4-48 锉平面时的两手用力

4.6.3 锉削操作方法

1．工件的夹持

工件的夹持在很大程度上会影响锉削质量，尤其是一些容易变形的工件，因此在夹持时要注意以下几个方面。

（1）工件最好夹在台虎钳钳口中间，且伸出钳口不要太高，以防锉削时产生振动。

（2）工件夹持要牢固，但不能使工件发生变形。

（3）夹持已加工面时，应在工件和台虎钳钳口间垫上铜垫或其他软材料衬垫，避免夹伤工件表面。

（4）表面形状不规则的工件，夹持时要加衬垫。薄形工件可用两根长度适当的角钢夹住，将其一起夹持在钳口上。

2．锉削方法

（1）平面的锉削

① 顺向锉法，如图 4-49（a）所示。锉刀运动方向与工件夹持方向始终一致。顺向锉的锉纹整齐一致，适用于平面不大的锉削和最后的精锉。

② 交叉锉法，如图 4-49（b）所示。锉刀运动方向与工件夹持方向成 30°～40°且锉纹交叉。由于锉刀与工件的接触面大，锉刀容易掌握平稳，同时，从锉痕上可以判断出锉削面的高低情况，便于不断地修正锉削部位，适用于对加工余量大的表面进行粗锉。精锉时必须采用顺向锉，使锉纹变直，纹理一致。

③ 推锉法，如图 4-49（c）所示。两手对称地握住锉刀并均衡施力，使锉刀长度方向与工件长度方向垂直锉削。推锉的锉纹正直整齐，但锉削效率不高，适用于加工余量小、表面精度要求高或窄平面的锉削和修正尺寸。

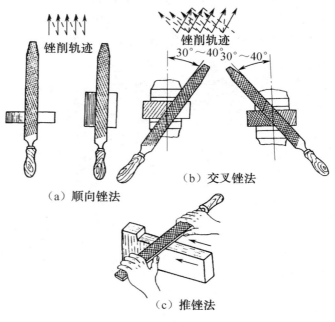

图 4-49 平面的锉法

平面锉削的质量检查主要是平面的形状和位置精度的检查。检查平面度可使用刀口形直尺通过透光法来检查，如图4-50所示。检查时应在平面的长、宽及对角等多处进行；误差可根据光隙大小判定，也可用塞尺来确定。检查平面的位置误差，可以用直角尺进行检查，检查时先将角尺尺座的测量面紧贴工件基准面，然后从上逐步轻轻向下移动，使角尺瞄的测量面与工件的被测表面接触，如图4-51（a）所示，眼睛平视观察其透光情况，以此来判断工件被测表面与基准面是否垂直。检查时，角尺不可斜放，如图4-51（b）所示，否则检查结果不准确。

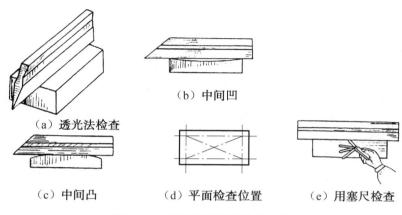

(a) 透光法检查 　(b) 中间凹 　(c) 中间凸 　(d) 平面检查位置 　(e) 用塞尺检查

图4-50　锉削平面的检查方法

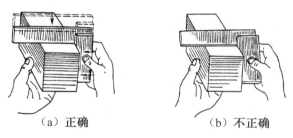

（a）正确 　　　　　（b）不正确

图4-51　用直角尺检查工件垂直度

（2）简单外圆弧面的锉削

① 顺着圆弧面锉削，如图4-52（a）所示。锉削时，锉刀向前，右手下压，左手随着上提。这种方法能把圆弧面锉削得光洁圆滑，但锉削位置不易掌握且效率不高，故适用于精锉圆弧面。

② 对着圆弧面锉削，如图4-52（b）所示。锉削时，锉刀做直线运动，并不断随圆弧面摆动。这种方法锉削效率高且便于按划线均匀锉近弧线，但只能锉成近似圆弧面的多棱形面，故适用于圆弧面的粗加工。

圆弧面轮廓度精度常用尺规（圆弧样板）通过塞尺或透光法进行检查，如图4-52（c）]所示。

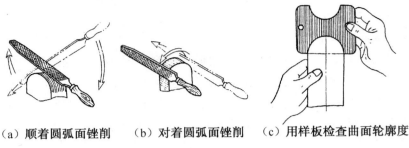

（a）顺着圆弧面锉削　　（b）对着圆弧面锉削　　（c）用样板检查曲面轮廓度

图 4-52　外圆弧面的锉削方法及轮廓度检查

4.6.4　锉削技能训练

1．操作要求

（1）掌握锉削要领。

（2）熟悉平面的锉削方法。

（3）了解外圆弧面的锉削。

（4）能正确使用量具进行锉削质量检查。

2．使用的工具、量具

锉削时使用的工具、量具有锉刀、钢尺、刀口形直尺、游标卡尺、千分尺、塞尺及划线工具等。

3．锉削操作过程（以图 4-53 所示样板为例）

（1）锉削基准面 A，达到平面度为 0.10mm，表面粗糙度为 Ra6.3 的要求，用刀口尺、塞尺及直角尺检查。

（2）锉削基准面 B，达到对 A 面、C 面的垂直度为 0.15mm，平面度为 0.10mm，表面粗糙度为 Ra6.3 的要求，用刀口尺、直角尺、塞尺检查。

（3）锉削 A 面、B 面的对面及 R15 圆弧面。先粗锉 R15 外圆弧面，再粗锉 A 面的对面，最后粗锉 B 面的对面，注意使圆弧面与两加工面连接处基本光滑，并保证平面度、垂直度、平行度的基本要求。精锉各加工面，达到图纸要求，使连接处光滑，用游标卡尺、刀口形直尺、直角尺、塞尺进行检查。首先保证位置要求，其次保证形状公差和尺寸公差要求。

（4）锉削槽的两斜面及底面。先锉两斜面，后锉底面。可用角度规或角度样板进行检查，无角度规或角度样板时也可用尺寸换算对角度进行控制，用游标卡尺进行检查，达到图纸尺寸及表面粗糙度的要求。

（5）去毛刺并自检合格后交给教师验收。

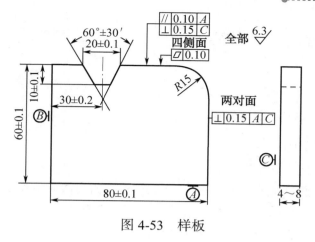

图4-53 样板

4.7 钻孔与锪孔

钳工常用的孔加工方法有钻孔、扩孔、锪孔、铰孔等，这里着重介绍钻孔与锪孔。

钻孔是用钻头在实心材料上加工出孔的操作，钻孔多用于装配和修理。锪孔是用锪钻（或改制的钻头）对工件孔口加工出平底或锥形沉孔的操作。锪孔是为了保证与孔连接零件的正确位置，使其连接可靠，外观整齐，结构紧凑。

孔加工是依靠刀具（钻头、锪钻等）与工件的相对运动来完成的。例如，在钻床上钻孔，工件装夹在钻床工作台上固定不动，钻头装在钻床主轴上（或装在与主轴连接的钻夹头上），一面旋转（切削运动），一面沿钻头轴线向下作直线运动（进给运动），如图4-54所示。

一般工件也可用手电钻钻孔，手电钻有手枪式和手提式两种，如图4-55所示。它们是维修人员常用的钻削设备，常用于加工直径在14mm以下的小孔或不便于在钻床上钻孔的地方及野外作业。通常采用电压为220 V或36 V的交流电源。为保证安全，使用电压为220 V的电钻时应戴绝缘手套；在潮湿的环境中应采用电压为36 V的电钻。

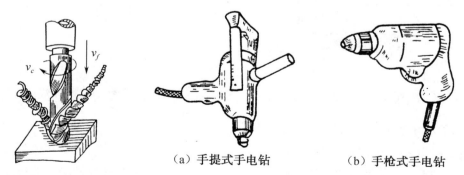

图4-54 在钻床上钻孔

（a）手提式手电钻　　（b）手枪式手电钻

图4-55 手电钻

4.7.1 钻头与锪钻

1. 钻头

（1）麻花钻的构成。钻头是钻孔的刀具，常用的是标准麻花钻。麻花钻由柄部、颈部及工作部分组成，如图 4-56 所示。

麻花钻的柄部是钻头的夹持部分，用以定心和传递动力，有直柄和锥柄两种：一般直径小于 13mm 的钻头做成直柄；直径大于 13mm 的钻头做成锥柄。颈部是为磨制钻头时供砂轮退刀用的，钻头的规格、材料和商标一般也刻印在颈部。

麻花钻的工作部分由切削部分和导向部分组成。

① 麻花钻切削部分的组成如图 4-57 所示。它有两个刀瓣，每个刀瓣可看作是一把外圆车刀。两个螺旋槽表面称为前刀面，切屑沿其排出。切削部分顶端的两个曲面称为后刀面，它与工件的切削表面相对。钻头的棱带是与已加工表面相对的表面，称为副后刀面。前刀面和后刀面的交线称为主切削刃，两个后刀面的交线称为横刃，前刀面与副后刀面的交线称为副切削刃。标准麻花钻的切削部分由五刃（两条主切削刃、两条副切削刃和一条横刃）、六面（两个前刀面、两个后刀面和两个副后刀面）组成。

② 麻花钻的导向部分用来保持麻花钻工作时的正确方向，在钻头重磨时，导向部分逐渐变为切削部分投入切削工作。导向部分有两条螺旋槽，作用是形成切削刃及容纳和排除切屑，并便于切削液沿着螺旋槽输入。导向部分的外缘有两条棱带，它的直径略带倒锥（每 100mm 长度内，直径向柄部减少 0.05 ~ 0.10mm）。这样既可以引导钻头切削时的方向，使它不致偏斜，又可以减少钻头与孔壁的摩擦。

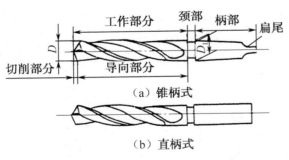

图 4-56 麻花钻的组成

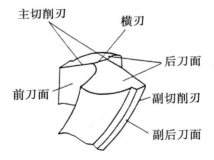

图 4-57 麻花钻切削部分的组成

（2）钻头的刃磨方法。

① 图 4-58 所示的是标准麻花钻的刃磨要求。顶角 2φ 为 $118°\pm2°$；外缘处的后角 α_0 为 $10°$ ~ $14°$；横刃斜角 φ 为 $50°$ ~ $55°$；两主切削刃长度及与钻头轴心线组成的两个 φ 角要相等；两个主后刀面要刃磨光滑。

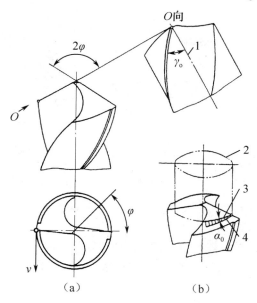

图 4-58　标准麻花钻的刃磨要求

图 4-59 所示的是刃磨正确和不正确的钻头加工孔的情况。图 4-59（a）所示为正确，图 4-59（b）所示为两个 φ 角磨得不对称，图 4-59（c）所示为主切削刃长度不一致，图 4-59（d）所示为两个 φ 角不对称，主切削刃长度也不一致，在钻孔时都将使钻出的孔扩大或歪斜，同时，由于两个主切削刃所受的切削抗力不均衡，造成钻头振摆磨损加剧。

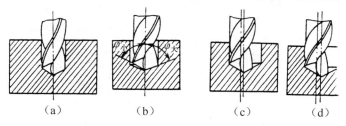

图 4-59　刃磨钻头对孔加工的影响

② 标准麻花钻的刃磨方法。右手握住钻头的头部，左手握住柄部，如图 4-60 所示。钻头轴心线与砂轮圆柱母线在水平面内的夹角等于钻头顶角 2φ 的一半，被刃磨部分的主切削刃处于水平位置，如图 4-60（a）所示。刃磨时将主切削刃在略高于砂轮水平中心平面处先接触砂轮，如图 4-60（b）所示，右手缓慢地使钻头绕轴线由下向上转动，同时施加适当的刃磨压力，这样可使整个后刀面都磨到。在磨到刃口时要减小压力，停止时间不能太长，以免刃口退火。在钻头即将磨好时，应注意摆回去不要吃刀，两面要经常轮换，直至达到刃磨要求。

标准麻花钻的横刃较长，对于直径在 6mm 以上的钻头必须修短横刃，并适当增大靠近横刃处的前角。修磨时钻头轴线在水平面内与砂轮侧面左倾约 15° 夹角，在垂直平面内与刃磨点的砂轮半径方向约成 55° 下摆角，如图 4-61 所示。

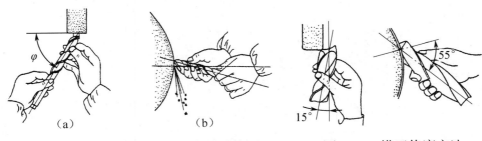

（a）　　　　　　　（b）

图 4-60　钻头刃磨时与砂轮的相对位置　　　图 4-61　横刃修磨方法

钻头刃磨压力不宜过大，并要经常蘸水冷却，防止因过热退火而降低硬度。

2．锪钻

在加工孔时，特别是加工螺钉孔、沉头铆钉孔时，需要在孔口表面处加工出一定形状的平台面、内阶台面等，这都需要采用锪钻来进行加工。常见的锪孔应用如图 4-62 所示。

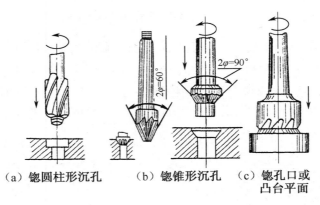

（a）锪圆柱形沉孔　　　（b）锪锥形沉孔　　　（c）锪孔口或凸台平面

图 4-62　锪孔的应用

常用的锪钻有以下 3 种。

（1）柱形锪钻。用于锪圆柱形沉孔（螺钉安装孔）或阶台孔，如图 4-62（a）所示。

（2）锥形锪钻。用于锪锥形沉孔（沉头螺钉、铆钉安装孔等），如图 4-62（b）所示。根据锥度不同有 60°、75°、90°、120° 等 4 种锥形锪钻。

（3）端面锪钻。用于锪孔口或孔口凸台端面，如图 4-62（c）所示，以保证连接件端面与孔口端面准确贴合，使连接安全可靠。

4.7.2　钻孔的方法

1．定钻孔中心

按钻孔的位置尺寸要求，划出孔位的十字中心线，并打上中心样冲眼（冲点要小，位置要准），按孔的大小划出孔的圆周线。对钻直径较大的孔，还应划出几个大小不等的检查圆，如图 4-63（a）所示，以便钻孔时检查和纠正钻孔位置。当钻孔的位置尺寸要求较高时，也可直接划出以孔中心线为对称中心的几个大小不等的方框，如图 4-63（b）所示，作为钻孔时的检查线，然后将中心样冲眼敲大，以便准确落钻定心。

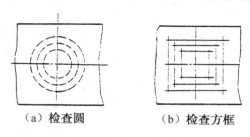

（a）检查圆　　　　（b）检查方框

图 4-63　孔位检查线形式

2. 工件的装夹

工件钻孔时，要根据工件的不同形体及钻削力的大小（或钻孔直径大小）等情况，采用不同的装夹（定位和夹紧）方法，以保证钻孔的质量和安全。常用的基本装夹方法如图 4-64 所示。

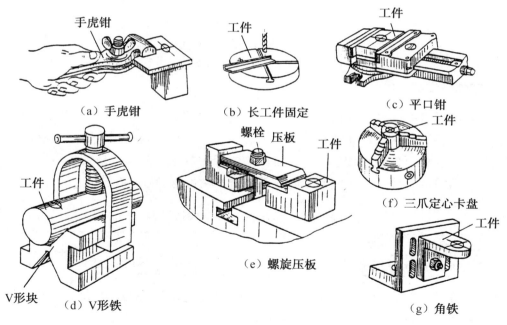

（a）手虎钳　　　　　　（b）长工件固定　　　　　　（c）平口钳

（d）V 形铁　　　　　　（e）螺旋压板　　　　　　（f）三爪定心卡盘

（g）角铁

图 4-64　工件装夹方法

3. 钻头的装卸

（1）直柄钻头装卸。直柄钻头用钻夹头夹持。先将钻头柄塞入钻夹头的三卡爪内，其夹持长度不能小于 15mm，然后用钻夹头钥匙旋转外套，使环形螺母带动三只卡爪移动，作夹紧或放松动作，如图 4-65（a）所示。

（2）锥柄钻头装卸。锥柄钻头用柄部的莫氏锥体直接与钻床主轴连接。当钻头锥柄小于主轴锥孔时，可加过渡套来连接，如图 4-65（b）所示。连接时必须将钻头锥柄及锥孔擦拭干净，且使矩形舌部的方向与主轴上的腰形孔中心线方向一致，利用加速冲力一次装接，如图 4-65（c）所示。对套筒内的钻头和在钻床主轴上的钻头的拆卸，用楔铁敲入套筒或钻床主轴上的腰形孔内，楔铁带圆弧的一边要放在上面，利用楔铁斜面的向下分力，使钻头与套筒或主轴分离，如图 4-65（d）所示。

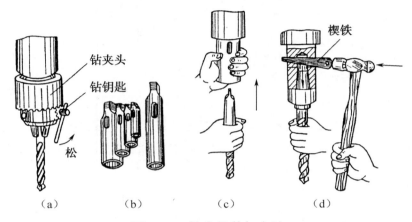

图 4-65　钻头的装卸方法

4．钻削用量的选择

（1）切削深度的选择。直径小于 30mm 的孔一次钻出；直径为 30～80mm 的孔可分两次钻削，先用（0.5～0.7）D（D 为要求的孔径）的钻头钻底孔，然后用直径为 D 的钻头将孔扩大。这样可以减小切削深度及轴向力，保护机床，同时提高钻孔质量。

（2）进给量的选择。高速钢标准麻花钻的进给量可参考表 4-6 选取。

表 4-6　高速钢标准麻花钻的进给量

钻头直径 D（mm）	<3	3～6	>6～12	>12～25	>25
进给量 f（mm/r）	0.025～0.05	>0.05～0.10	>0.10～0.18	>0.18～0.38	>0.38～0.62

孔的精度要求较高和表面粗糙度值要求较小时，应取较小的进给量；钻孔较深、钻头较长、刚度和强度较差时，也应取较小的进给量。

（3）钻削速度的选择。当钻头的直径和进给量确定后，钻削速度应按钻头的使用寿命选取合理的数值，一般根据经验选取，可参考表 4-7。孔深较大时，应取较小的切削速度。

表 4-7　高速钢标准麻花钻的切削速度

加工材料	硬度 HB	切削速度 v （m/min）	加工材料	硬度 HB	切削速度 v （m/min）
低碳钢	100 ~ 125	27	可锻铸铁	100 ~ 160	42
	>125 ~ 175	24		>160 ~ 200	25
	>175 ~ 225	21		>200 ~ 240	20
				>240 ~ 280	12
中、高碳钢	125 ~ 175	22	球墨铸铁	140 ~ 190	30
	>175 ~ 225	20		>190 ~ 225	21
	>225 ~ 275	15		>225 ~ 260	17
	>275 ~ 325	12		>260 ~ 30 0	12
合金钢	175 ~ 225	18	低碳铸钢、中碳高碳		24
	>225 ~ 275	15			18 ~ 24
	>275 ~ 325	12			15
	>325 ~ 375	10			
灰铸铁	100 ~ 140	33	铝合金、镁合金		75 ~ 90
	>140 ~ 190	27	铜合金		20 ~ 48
	>190 ~ 220	21	高速钢	200 ~ 250	13
	>220 ~ 260	15			
	>260 ~ 320	9			

5．起钻

钻孔时，应把钻头对准钻孔中心，然后启动钻床主轴，待转速正常后，再手动进给。先钻出一个浅坑，观察钻孔中心位置是否正确，如果有偏离，必须及时纠正。如果偏位较少，可在再起钻的同时向偏位的反方向用力推移工件来校正；如果偏位较多，可在偏位的反方向多打几个样冲眼或用錾子錾出几条槽，以减小此处的钻削阻力，达到校正的目的，如图 4-66 所示。但无论何种方法，都必须在锥坑外圆小于钻头直径之前完成，这是保证达到钻孔位置精度的重要一环。如果起钻锥坑外圆已经达到孔径，而孔位仍偏再校正就困难了。

6．手进给操作

当起钻达到钻孔的位置要求后，就开始进入正常钻孔。因钻孔近似封闭切削，所以要经常退出钻头，清理切屑，并加注冷却液进行冷却散热。如果钻的是盲孔（不通孔），还要正确控制钻孔深度，其方法是调整钻床挡块来限位，也可用标尺进行限位。

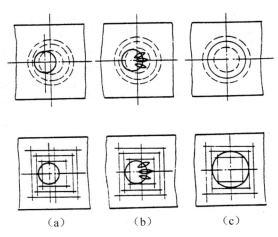

（a）　　　　　（b）　　　　　（c）

图 4-66　用錾槽来校正起钻偏位的孔

4.7.3　钻孔安全知识

（1）不可戴手套进行操作，女生必须戴工作帽。

（2）工件必须夹紧，孔将钻穿时尽量减小进给力。

（3）起钻前，应检查是否有钻夹头钥匙或楔铁插在钻轴上。

（4）钻孔时不可用手或用嘴吹来清除切屑，必须用毛刷在停钻后进行。

（5）头不能离旋转主轴太近。

（6）停钻时应让主轴自然停止，不可用手去制止。

（7）主轴变速必须停钻。

（8）钻出长条铁屑时，要用钩子钩断后去除。

（9）在小工件上钻大直径时装夹必须牢固。

（10）操作钻床时袖口必须扎紧。

（11）清洁钻床或加注润滑油时，必须把电动机关闭。

4.7.4　锪孔方法

锪孔与钻孔相似，只是锪削余量比钻孔时小，这样在锪孔时易产生振动，因此在锪孔时也应降低切削速度，适当增大进给量。锪孔时切削速度为钻孔的 1/3 ~ 1/2，进给量为钻孔的 2 ~ 3 倍。精锪时，往往利用钻床停止后主轴的惯性来锪孔，以减少振动而获得光滑表面。

4.7.5　钻孔、锪孔技能训练

1．操作要求

（1）初步掌握钻孔、锪孔的基本方法。

（2）熟悉台钻的结构，掌握台钻的使用和保养方法。

（3）能熟练装卸钻头，能正确地安装工件并进行钻孔、锪孔加工。

2．使用的工具、量具

使用的工具、量具有麻花钻、锪钻、锉刀、直角尺、游标卡尺及划线工具等。

3．操作过程（以图 4-67 所示长方块为例）

（1）按图样尺寸划线，并把中心样冲眼冲大些。

（2）钻 4-ϕ7 孔，然后锪 90°锥形沉孔，深度按图样要求，并用 M6 螺钉作试配检查。

（3）用专用柱形锪钻在工件的另一面锪出 4-ϕ11 柱形沉孔，深度按图样要求，并用 M6 内六角螺钉作试配检查。

（4）去除孔口毛刺，自检合格后交给教师验收。

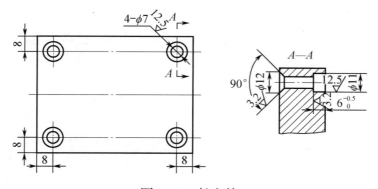

图 4-67　长方块

4.8　攻螺纹与套螺纹

螺纹加工是金属切削中的重要内容之一。螺纹加工的方法多种多样，一般比较精密的螺纹都需要在车床上加工，而钳工只能加工三角形螺纹（公制三角形螺纹、英制三角形螺纹、管螺纹），其方法是攻螺纹和套螺纹。

用丝锥在孔中切削出内螺纹的加工方法称为攻螺纹；用板牙在圆杆上（或外圆锥面）切出外螺纹的加工方法称为套螺纹。

4.8.1 攻螺纹的工具

1. 丝锥

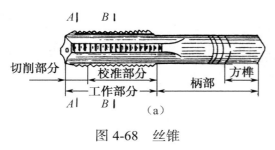

图 4-68 丝锥

丝锥是加工内螺纹的工具，有机用丝锥和手用丝锥两种。丝锥的构造如图 4-68 所示，由工作部分和柄部组成。工作部分包括切削部分和校准部分。

切削部分是丝锥的主要工作部分，一般磨成圆锥形，有锋利的切削刃，切削负荷分布在几个刀齿上，使切削省力，便于切入。

校准部分的大径、中径、小径均有（0.05～0.12）/100 的倒锥，以减小与螺孔的摩擦；校准 部分具有完整的齿形，用于修光和校准已切出的螺纹，并具有导向作用，以引导丝锥沿轴向运动。

丝锥工作部分沿轴向开有几条容屑槽，以形成切削部分的切削刃和排屑。

丝锥柄部末端的方榫用于攻螺纹时夹持并传递扭矩。

为了减少切削力和延长丝锥的使用寿命，一般将整个切削工作量分配给几支丝锥来完成。有三支一组和两支一组两种类型。手用丝锥一般由两支组成一套，分别称头锥和二锥，两支丝锥的大径、中径和小径是相同的，只是切削部分的锥角和长度不同。攻通孔螺纹时，用头锥一次切削即可加工完毕；攻盲孔螺纹时，两支丝锥应交替使用，以保证加工螺纹的有效长度。

2. 铰杠

铰杠是手工攻螺纹时用来夹持丝锥进行工作的工具。有普通铰杠和丁字铰杠两类，如图 4-69 所示。每类铰杠又可分为固定式和活动式两种。

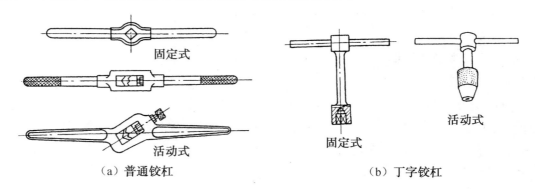

（a）普通铰杠　　（b）丁字铰杠

图 4-69 铰杠

铰杠长度应根据丝锥尺寸大小选择，以便控制一定的攻螺纹扭矩，可参考表 4-8 选用。

表 4-8　攻螺纹铰杠的长度选择

丝锥直径（mm）	≤6	8～10	12～14	≥16
铰杠长度（mm）	150～200	>200～250	250～300	400～450

4.8.2　攻螺纹的方法

1. 攻螺纹底孔直径的确定

攻螺纹前必须先钻孔。由于丝锥在工作时除了切削金属孔，同时对金属还有一定的挤压作用，使螺纹牙顶凸起一部分，因此钻孔直径必须略大于螺纹的小径，其确定方法可查表或用下列经验公式计算得出。

普通螺纹底孔直径的经验公式：

脆性材料 $D_底 = D - (1.05 \sim 1.1) P$ （4-1）

塑性材料 $D_底 = D - P$ （4-2）

式中　$D_底$——底孔直径（mm）；

　　　D——螺纹大径（mm）；

　　　P——螺距（mm）。

2. 不通孔螺纹的钻孔深度

钻不通的螺纹底孔，由于丝锥的切削部分不能切出完整的螺纹牙形，因此钻孔深度应大于所需的螺孔深度。一般应增加 $0.7D$ 的深度（D 为螺纹大径）。

3. 攻螺纹的方法

（1）加工底孔。钻底孔并在孔口处倒角，通孔螺纹两端都倒角，倒角处直径应略大于螺纹大径，这样便于丝锥切入，并可防止孔口出现挤压出的凸边。

（2）用头锥起攻。起攻时，丝锥一定要与工件垂直，可一只手按住铰杠中部，沿丝锥轴线用力加压，另一只手配合作顺向旋进，如图 4-70（a）所示，应保证丝锥中心线与孔中心线重合，不能歪斜。在丝锥攻入 1～2 圈后，应及时从前后、左右两个方向用直角尺进行检查，如图 4-70（b）所示，并不断校准至达到要求。当丝锥的切削部分全部进入工件时，用两手握住铰杠两端均匀转动，如图 4-70（c）所示，不需要再施加压力，并要经常倒转 1/4～1/2 圈，使切屑碎断后容易排除，避免因切屑阻塞而使丝锥卡住。

（3）用二锥攻螺纹，特别是对于盲孔螺纹，必须再用二锥攻制，才能保证螺孔有效部分的长度。

（a）起始方法

（b）检查方法

（c）攻制过程

图 4-70　攻螺纹的方法

4．攻螺纹注意事项

（1）为了提高螺纹质量和减小摩擦，攻螺纹时一般应加切削液，攻钢件时用机油，螺纹质量要求高时可用工业植物油，攻铸铁件时可加煤油。

（2）攻盲孔螺纹时可在丝锥上做好深度标记，并要经常退出丝锥清除孔内的切屑。切屑可用磁性针棒吸出。

（3）攻螺纹时必须按头锥、二锥的顺序攻削至标准尺寸。换用丝锥时，先用手将丝锥旋入已攻出的螺孔中，待手转不动时，再装上铰杠继续攻螺纹。

4.8.3　套螺纹的工具

1．板牙

板牙，俗称钢板，是加工外螺纹的工具，有圆板牙和圆柱管板牙两种。板牙多用高速钢制成，形状与圆螺母相似，只是在靠近螺纹处钻了几个排屑孔，以形成切屑刃。圆板牙的外圆表面有四个锥坑，其中两个对心锥坑用于固定板牙并传递扭矩；另外两个偏心锥坑用于板牙磨损后调整板牙尺寸。圆板牙的结构如图 4-71 所示，圆板牙由切削部分和校准部分组成。切削部分是板牙两端有切削锥角（2ϕ）的部分，当一端磨损后，可换另一端使用。板牙的中间一段是校准部分，主要起导向和修整作用。

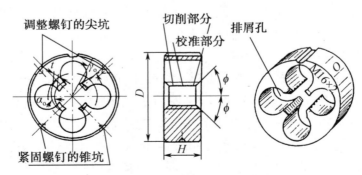

图 4-71　圆板牙的结构及切削角度

M3.5 以上的板牙外圆上有一条 V 形槽，起调节板牙尺寸的作用。当板牙校准部分磨损后，套出的螺纹尺寸将增大，如果尺寸超出公差范围，则可用锯片砂轮把板牙沿 V 形槽切开（不是分成两部分，只是切破），利用板牙架上的压紧螺钉，顶入外圆上的两个偏心锥坑内，使板牙的尺寸缩小，以实现调节尺寸的目的，其调节范围为 0.1～0.5mm。

2．板牙架

板牙架是用于装夹板牙的工具，也可在板牙磨损后调节板牙尺寸，图 4-72 所示的是圆板牙架。板牙放入后，螺钉紧固。

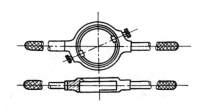

图 4-72　板牙架

4.8.4　套螺纹的方法

1．套螺纹前圆杆直径的确定

与丝锥攻螺纹一样，用板牙在工件上套螺纹时，材料同样因受挤压而变形，牙顶将被挤高一些。所以套螺纹前圆杆直径应稍小于螺纹的大径，其确定方法可查表或用下列经验公式计算确定。

$$d_{杆}=D-0.13P \tag{4-3}$$

式中　$d_{杆}$——套螺纹前圆杆直径（mm）;

　　　D——螺纹大径（mm）;

　　　P——螺距（mm）。

2．套螺纹的方法

（1）圆杆端部倒角。套螺纹前应将圆杆端部倒角，以便板牙切入。一般倒成 15°～20°的锥体，且锥体小端直径略小于螺纹小径，可避免套螺纹后的螺纹端部产生锋口和卷边。

（2）安装工件。将工件用 V 形铁钳口夹牢在台虎钳上，注意使圆杆保持在铅垂方向。

（3）用板牙套丝。套螺纹时，板牙端面应与圆杆轴线垂直。开始转动板牙架时，要稍加压力，当板牙切入圆杆 2～3 牙时，应及时检查其垂直度并作校准。然后继续起套，此时只需用双手均匀转动板牙架，使板牙自然切入，直到套螺纹完成，如图 4-73 所示。

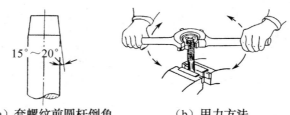

（a）套螺纹前圆杆倒角　　　（b）用力方法

图 4-73　套螺纹的方法

3．套螺纹注意事项

（1）板牙端面应与圆杆轴线垂直，以防螺纹歪斜。

（2）开始套入时为了使板牙切入工件，要在转动板牙时施加轴向压力，转动要慢，压力要大。当板牙切入 2～3 牙后不要再加压力，以免损坏螺纹和板牙。

（3）套螺纹过程中要时常倒转一下，以便断屑和排屑。

（4）一般应加切削液，以提高套螺纹质量和延长板牙的使用寿命，使切削省力。

4.8.5　攻螺纹和套螺纹时可能出现的问题和产生的原因

攻螺纹和套螺纹时，往往因操作不当或计算有误使螺纹质量达不到要求，造成废品。所以，应认真分析可能出现的问题和产生的原因，以便在操作时加以注意。具体分析如表 4-9 所示。

表 4-9　攻螺纹和套螺纹时可能出现的问题和产生的原因

出现的问题	产生的原因
螺纹乱牙	攻螺纹时底孔直径太小，起攻困难，左右摆动，孔口乱牙； 换用二、三锥时强行校正，或没旋合好就攻下； 圆杆直径太大，起套困难，左右摆动，杆端乱牙
螺纹滑牙	攻不通孔的较小螺纹时，丝锥已到底仍继续转； 攻强度低或小孔径螺纹，丝锥已切出螺纹仍继续加压，或攻完时连同铰杠自由地快速转出，未加适当切削液及一直攻、套不倒转，切屑堵塞将螺纹啃坏
螺纹歪斜	攻、套时位置不正，起攻、套时未做垂直度检查； 孔口、杆端倒角不良，两手用力不均，切入时歪斜
螺纹形状不完整	攻螺纹底孔直径太大，或套螺纹圆杆直径太小，圆杆不直； 板牙异常摆动

续表

出现的问题	产生的原因
丝锥折断	底孔太小； 攻入时丝锥歪斜或歪斜后强行校正； 没有经常反转断屑和清屑，或不通孔攻到底，还继续攻下； 使用铰杠不当； 丝锥牙齿爆裂或磨损过多而强行攻下，工件材料过硬或夹有硬点； 两手用力不均或用力过猛

4.8.6 攻螺纹和套螺纹技能训练

1．操作要求

（1）掌握底孔直径和圆杆直径的确定方法。

（2）初步掌握攻螺纹和套螺纹的方法。

2．使用的工具、量具

使用的工具、量具有丝锥、铰杠、板牙、板牙架、锉刀、手锯、直角尺、游标卡尺、钢尺等。

3．操作过程（以图 4-74 所示加工件为例）

加工件（a）（材料：Q235 钢）。

（1）按图样尺寸画出底孔的加工位置线，冲中心样冲眼。

（2）确定底孔直径。因材料为 Q235 钢，故 $D_底=D-P=16-2=14$（mm）。钻底孔，并对孔口进行倒角。

（3）攻制 M16，注意检查垂直度，并用相应的螺钉配合检验。

（4）自检合格后交给教师验收。

加工件（b）（材料：Q235）。

（1）将直径为 $\phi10$ 的 Q235 圆钢手锯下料，并修整两端面，保证长度为 100mm、端面与轴线垂直的要求。

（2）计算套螺纹部分圆杆直径，并用锉削方法加工好圆杆。根据公式 $d_杆=d-0.13P=10-0.13\times1.5=9.805$（mm），进行锉削加工（因余量不大，主要是修整）。然后将两端倒角，倒角直径在 $\phi8.2$ 左右（小于螺纹小径 8.376mm），倒角角度为 20°。

（3）将 M10 的圆板牙装在板牙架上；工件用 V 形钳口夹固定在台虎钳上。

（4）完成双头螺柱 M10 的套制，并用相应的螺母配合检验。

（5）自检合格后交给教师验收。

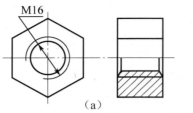

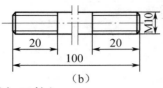

（a）

（b）

图 4-74　攻螺纹、套螺纹（加工件）

4.9　矫正与弯形

4.9.1　矫正

消除金属板材、型材的不平、不直或翘曲等缺陷的操作称为矫正。

金属板材或型材的不平、不直或翘曲变形主要是由于在轧制或剪切等外力作用下，内部组织发生变化产生的残余应力所引起。另外，原材料在运输过程和存放等处理不当，也会引起变形缺陷。金属材料变形有弹性变形和塑性变形两种。矫正是针对塑性变形而言的。

按矫正时产生矫正力的方法可分为手工矫正、机械矫正、火焰矫正及高频热点矫正等。手工矫正是在平板、铁砧或台虎钳上用手锤等工具进行操作的，矫正时，一般采用锤击、弯曲、延展和伸张等方法进行。

1．手工矫正的工具

（1）平板和铁砧。平板、铁砧和台虎钳等都可以作为矫正板材或型材的基座。

（2）软、硬手锤。矫正一般材料时通常使用钳工手锤和方头手锤；矫正已加工表面、薄钢件或有色金属制件时，应使用铜锤、木锤、橡皮锤等软手锤。图 4-75 所示的是木锤矫正板材。

（3）抽条和拍板。抽条是采用条状薄板料弯成的简易手工工具，它主要用于抽打较大面积的板料，如图 4-76 所示。拍板是用质地较硬的檀木制成的专用工具，它主要用于敲打板料。

（4）螺旋压力工具。该工具适用于矫正较大的轴类零件或棒料，如图 4-77 所示。

（5）检验工具。检验工具包括平板、直角尺、直尺和百分表等。

图 4-75　木锤矫正板材　　图 4-76　用抽条抽板料　　图 4-77　螺旋压力工具矫正轴类零件

2．手工矫正方法

金属板材和型材矫正的实质是使它们产生新的塑性变形来消除原有的不平、不直或翘曲等。

（1）延展法。金属薄板最容易产生中部凸凹、边缘呈波浪形及翘曲等变形，采用延展法矫正，如图4-78所示。

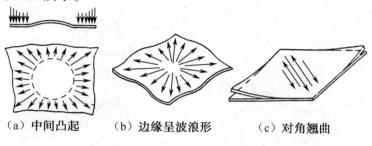

(a) 中间凸起　　(b) 边缘呈波浪形　　(c) 对角翘曲

图4-78　延展法

薄板中间凸起，是由于变形后中间材料变薄引起的。矫正时可锤击板料边缘，使边缘材料延展变薄，厚度与凸起部位的厚度越趋近则越平整。图4-78（a）中箭头所示方向即锤击位置。锤击时，由里向外逐渐由轻到重，由稀到密。如果直接锤击凸起部分，则会使凸起部位变得更薄，不仅达不到矫平的目的，反而使凸起更为严重。

如果薄板四周呈波纹状，说明板料四边变薄而伸长了。如图4-78（b）所示，锤击点应从中间向四周，按图中箭头所示方向，密度逐渐变稀，力量逐渐减轻，经反复多次锤打，使板料达到平整。

如果薄板发生对角翘曲时，应沿另外没有翘曲的对角线锤击使其延展而矫平，如图4-78（c）所示。

（2）扭转法。用来矫正受扭曲变形的条料，一般夹持在台虎钳上，用扳手把条料扭转到原来的形状，如图4-79所示。

（3）伸张法。用来矫正各种细长线材。只要将线材一头固定，然后在固定处开始，将弯曲线材绕圆木一周，紧捏圆木向后拉，使线材在拉力作用下绕过圆木得到伸长矫直，如图4-80所示。

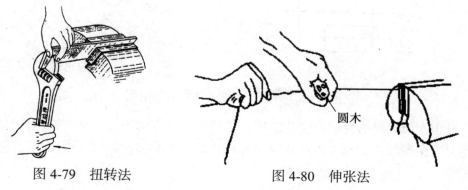

图4-79　扭转法　　　　　　　　图4-80　伸张法

（4）弯形法。用来矫正弯曲的棒料或在宽度方向上弯曲的条料。一般可用台虎钳在靠近弯曲处夹持，用活动扳手把弯曲部分扳直，如图4-81（a）所示，或用台虎钳将弯曲部分夹持在钳口内，利用台虎钳把它初步压直，如图4-81（b）所示，再放在平板上用手锤矫直，如图4-81（c）所示。直径大的棒料和厚度尺寸大的条料，常采用压力机矫直。

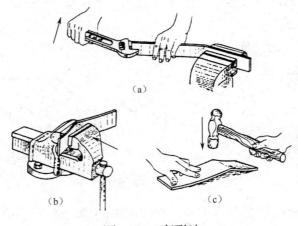

（a）

（b）　　　　　　　　　　（c）

图 4-81　弯形法

4.9.2　弯形

将原来平直的板材或型材弯成所要求的曲线形状或角度的操作称为弯形。

弯形是使材料产生塑性变形，因此只有塑性较好的材料才能进行弯形。如图4-82所示，钢板弯形后外层材料伸长（图中 e-e 和 d-d）；内层材料缩短（图中 a-a 和 b-b）；中间一层材料（图中 c-c）弯形后长度不变，称为中性层。

相同材料的弯形，工件外层材料变形的大小决定于工件的弯形半径。弯形半径越小，外层材料变形越大。为了防止弯形件拉裂（或压裂），必须限制工件的弯形半径，使它大于导致材料开裂的临界弯形半径——最小弯形半径。

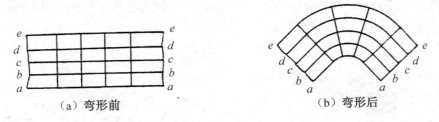

（a）弯形前　　　　　　　　　　（b）弯形后

图 4-82　钢板弯形前后情况

最小弯形半径的数值由实验确定。常用钢材的弯形半径如果大于两倍材料厚度，一般不会产生裂纹。如果工件的弯形半径较小时，可分多次弯形，中间进行退火，以避免弯裂。

1. 弯形毛坯长度计算

工件弯形后，只有中性层长度不变，因此计算工件毛坯长度时，可以按中性层的长度计算。应该注意的是，材料弯形后，中性层一般不是在材料正中，而是偏向内层材料一边。实验证明，中性层的实际位置与材料的弯形半径（r）和材料厚度（t）有关。r/t 的比值越大，弯曲变形越小，中性层越接近材料的几何中心。在不同弯形形状的情况下，中性层位置是不同的，如图 4-83 所示。

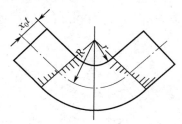

图 4-83　弯形时中性层的位置

表 4-10 所示的是中性位置系数 x_0 的数值。从表中 r/t 的比值可知，当内弯形半径 $r \geqslant 16t$ 时，中性层在材料中间。一般情况下，为简化计算，当 $r/t \geqslant 8$ 时，即可按 $x_0 = 0.5$ 进行计算。

表 4-10　弯形时中性层位置系数

r/t	0.2 5	0.5	0.8	1	2	3	4	5	6	7	8	10	12	14	≥16
x_0	0.2	0.25	0.3	0.35	0.37	0.4	0.41	0.43	0.44	0.45	0.46	0.47	0.48	0.49	0.5

图 4-84 所示的是常见的几种弯形形式。其中图 4-48（a）~ 图 4-84（c）所示的是内边带圆弧的制件，图 4-84（d）所示的是内边不带圆弧的直角制件。

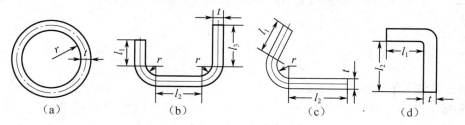

图 4-84　常见的弯形形式

内边带圆弧制件的毛坯长度等于直线部分（不变形部分）和圆弧中性层长度（变形部分）之和。圆弧部分中性层长度可按下列公式计算。

$$A = \pi（r + x_0 t）\alpha / 180° \tag{4-4}$$

式中　A——圆弧部分中性层长度（mm）；

　　　R——弯形半径（mm）；

x_0——中性层位置系数；

t——材料厚度（或管料、棒料的外径）（mm）；

α——弯形角，即弯形中心角，如图4-85所示，单位为"°"。

内边弯形成直角不带圆弧的制件，求毛坯长度时，可按弯形前后毛坯体积不变的原理计算，一般采用经验公式计算，取

$$A=0.5t \tag{4-5}$$

【例4-1】　已知图4-84（c）所示的制件弯形角α为120°，内弯形半径r为16mm，材料厚度t为4mm，边长l_1为50mm，l_2为100mm，求毛坯总长度l。

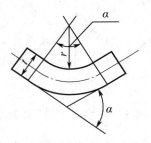

图4-85　弯形角

【解】　r/t=16/4=4，查表4-10　得x_0= 0.41。

$$l=l_1+l_2+A$$
$$=l_1+ l_2+ \pi（r + x_0t）\alpha/180°$$
$$=50+100+3.14（16+ 0.41 × 4）120°/180°$$
$$=186.93\text{mm}$$

所以，毛坯总长度为186.93mm。

【例4-2】　在图4-84（d）中，已知l_1为55mm，l_2为80mm，t为3mm，求毛坯的长度。

【解】　图4-84（d）所示的是内边是直角的弯形制件，所以

$$l=l_1+l_2+A$$
$$=l_1+ l_2+ 0.5t$$
$$=55+80+0.5×3=136.5\text{mm}$$

所以，毛坯总长度为136.5mm。

上述毛坯长度计算结果可以看出，由于材料本身性质的差异和弯形工艺，操作方法不同，会与实际弯形工件毛坯长度之间有误差。因此，成批生产时，一定要用试验的方法，反复确定坯料的准确长度，以免造成成批废品。

2．手工弯形的方法

常用的弯形方法有冷弯和热弯两种。在常温下进行弯形称为冷弯；对于厚度大于5mm的板料及直径较大的棒料和管料等，通常要将工件加热后再进行弯形，称为热弯。弯形方法如下。

（1）板料在厚度方向上的弯形方法。小的工件可在台虎钳上进行，先在弯形的地方划好线，然后夹在台虎钳上，使弯形线和钳口平齐，接近划线处时锤击，或用木垫垫住后再敲击垫块，如图4-86所示。锤击时，要锤在靠近弯形处的部位，不应锤击材料上端。

（a）　　　　　　　　　　　　　　（b）

图4-86　板料在厚度方向上的弯形

（2）板料在宽度方向上的弯形方法。可利用金属材料的延伸性能，在弯形的外弯部分进行锤击，使材料向一个方向渐渐延伸，达到弯形的目的，如图4-87（a）所示。较窄的板料可在 V 形铁或特制弯形模上用锤击法，使工件变形弯形，如图4-87（b）所示。另外，还可以在简单的弯形工具上进行弯形，如图4-87（c）所示。它由底板、转盘和手柄等组成，在两只转盘的圆周上都有按工件厚度车制的槽，固定转盘直径与弯形圆弧一致。使用时，将工件插入两转盘槽内，移动活动转盘使工件达到所要求的弯形形状，如可在弯形工具上弯制空调器中的铜管。

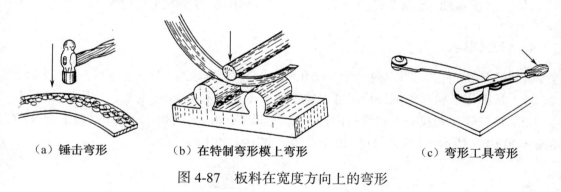

（a）锤击弯形　　　　（b）在特制弯形模上弯形　　　　（c）弯形工具弯形

图4-87　板料在宽度方向上的弯形

4.9.3　矫正和弯形技能训练

1．操作要求

（1）能够正确计算弯形前后的毛坯长度。

（2）初步熟悉矫正和弯形方法。

2．使用的工具、具量

使用的工具、量具有手锤、手锯、锉刀、平板、直角尺、钢尺及划线工具等。

3．矫正训练

将图 4-88 所示的正方形薄板矫正，要求无明显锤击痕，平面度达到 0.1mm。操作过程如下。

（1）将板料放在平板上，用手锤矫平，达到平面度要求。

（2）用锉刀修整到图样尺寸，并将锐边倒棱。

（3）自检合格后交给教师验收。

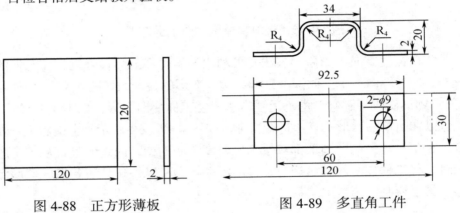

图 4-88　正方形薄板　　　　　图 4-89　多直角工件

4．弯形训练

弯制多直角工件，如图 4-89 所示。可用木垫或金属垫作辅助工具进行弯形，其步骤如下。

（1）按图样下料并锉削外形尺寸，宽度 30mm 处留有 0.5mm 余量，然后按图划线。

（2）将工件按划线夹入角铁衬内弯 A 角，如图 4-90（a）所示，再用衬垫①弯 B 角，如图 4-90（b）所示，最后用衬垫②弯 C 角，如图 4-90（c）所示。

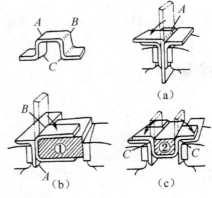

图 4-90　弯多直角形工件顺序

（3）对 30mm 宽度进行锤击矫平，锉修 30mm 宽度尺寸，并将锐边倒棱。

（4）自检合格后交给教师验收。

4.10 螺纹连接与铆接

将两个或两个以上的零部件连在一起的操作方法称为连接。在机械工业中，连接的形式很多，按被连接件间能否相对运动，可将连接分为活动连接和固定连接。

4.10.1 螺纹连接

螺纹连接是一种可拆的固定连接，它具有结构简单、连接可靠、装拆方便等优点，在机械中应用广泛。螺纹连接分为普通螺纹连接和特殊螺纹连接两大类：普通螺纹连接的基本类型有螺栓连接、双头螺柱连接、螺钉连接等，如表 4-11 所示。除此以外的螺纹连接称为特殊螺纹连接。

表 4-11 普通螺纹连接的基本类型及其应用

类型	螺栓连接	双头螺柱连接	螺钉连接	紧定螺钉连接
结构				
特点及应用	无须在连接件上加工螺纹，连接件不受材料的限制，主要用于连接件不太厚，并能从两边进行装配的场合	拆卸时只需旋下螺母，螺柱仍留在机体螺纹孔内，故螺纹孔不易损坏。主要用于连接件较厚而又需要经常装拆的场合	主要用于连接件较厚或结构上受到限制，不能采用螺栓连接，且无须经常装拆的场合。经常拆装容易使螺纹孔损坏	紧定螺钉的末端顶住其中一连接件的表面或进入该零件上相应的凹坑中，以固定两零件的相对位置，多用于轴与轴之间零件的连接，传递不大的力或扭矩

1. 螺纹连接的装配技术要求

（1）保证一定的拧紧力矩。为达到螺纹连接可靠和紧固的目的，要求纹牙间有一定的摩擦力矩，所以螺纹连接装配时应有一定的拧紧力矩，使纹牙间产生足够的预紧力。

（2）有可靠的防松装置。螺纹连接一般都具有自锁性，在静载荷下，不会自行松脱，但在冲击、震动或交变载荷下，会使纹牙之间正压力突然减小，以致摩擦力矩减小，使螺纹连接松动。因此，螺纹连接应有可靠的防松装置，以防止摩擦力矩减小和螺母回转。常用的防松装置如表 4-12 所示。

表 4-12　螺纹连接常用的防松装置及其特点

	弹 簧 垫 圈	双 螺 母
增大摩擦力防松	垫圈压平后产生弹力，保持螺纹间的压力，增加了摩擦力，同时切口尖角也有阻止螺母反转作用； 　结构简单，工作可靠，应用较广	利用主副螺母的对顶作用，把该段螺纹拉紧，保持螺纹间的压力，即使外载荷消失，此压力也仍然存在； 　外廓尺寸大，应用不如弹簧垫圈普遍 副螺母 主螺母
	槽形螺母和开口销	止 动 垫 片
利用机械方法防松	在旋紧槽形螺母后，螺栓被钻孔。销钉在螺母槽内插入孔中，使螺母和螺栓不能产生相对转动； 　安全可靠，应用较广	在旋紧螺母后，止动垫圈一侧被折转；垫圈另一侧折于固定处，则可固定螺母与被连接件的相对位置； 　要求有固定垫片的结构
	圆螺母和止退垫圈	串 金 属 丝
利用机械方法防松	将垫圈内齿插入键槽内，而外齿翻入圆螺母的沟槽中，使螺母和螺杆没有相对运动； 　常用于滚动轴承的固定 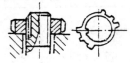 GB858-1967	螺钉紧固后，在螺钉头部小孔中串入铁丝。但应注意，串扎方向为旋紧方向； 　简单安全，常用于无螺母的螺钉连接 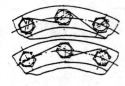

续表

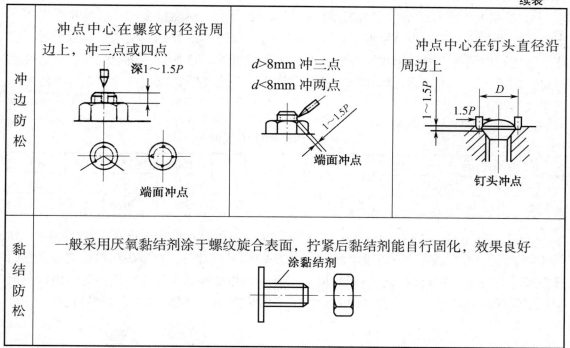

冲边防松	冲点中心在螺纹内径沿周边上,冲三点或四点 深1~1.5P 端面冲点	d>8mm 冲三点 d<8mm 冲两点 1~1.5P 端面冲点	冲点中心在钉头直径沿周边上 1~1.5P 1.5P D 钉头冲点
黏结防松	一般采用厌氧黏结剂涂于螺纹旋合表面,拧紧后黏结剂能自行固化,效果良好 涂黏结剂		

2. 螺纹连接的装拆工具

由于螺栓、螺柱和螺钉种类繁多,形状各异,螺纹连接的装拆工具也很多。使用时应根据具体情况合理选用。

(1)改锥,又称螺丝刀。它用于旋紧或松开头部带沟槽的螺钉。常用改锥如图 4-91 所示,其工作部分(刀体)一般用碳素工具钢制成,并经淬火处理,其规格以刀体部分的长度表示。常用的有 100mm(4 英寸)、150mm(6 英寸)、200mm(8 英寸)、300mm (12 英寸)等几种。使用时,应根据螺钉沟槽的形状、宽度选用相应的改锥。

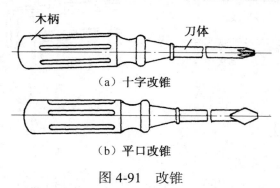

木柄 刀体

(a)十字改锥

(b)平口改锥

图 4-91 改锥

(2)扳手。扳手是用来旋紧六角形、正方形螺钉和各种螺母的,扳手由常用工具钢、合金钢或可锻铸铁制成,其开口处要求光整、耐磨。扳手有各种类型和结构,但常用的有通用扳手和专用扳手两类。

① 通用扳手又称活动扳手，其结构如图 4-92 所示。活动扳手的开口尺寸可以在一定的范围内调节，其规格是用扳手长度来表示的，如表 4-13 所示。使用活动扳手时，应让其固定钳口承受主要作用力；否则易损坏扳手，如图 4-93 所示。钳口的开度应适合螺母对边间距尺寸，过宽会损坏螺母。扳手手柄不可任意接长，以免拧紧力矩过大而损坏扳手或螺母。

表 4-13　活动扳手的规格

长度	公制（mm）	100	150	200	250	300	375	450	600
	英制（in）	4	6	8	10	12	15	18	24
开口最大宽度（mm）		14	19	24	30	36	46	55	65

② 专用扳手常见的有开口扳手（又称呆扳手）和内六角扳手两种，如图 4-94 和图 4-95 所示。开口扳手用于装拆六角形或方头的螺母或螺钉，有单头和双头之分，它的开口尺寸与螺母或螺钉的对边间距的尺寸相适应，并根据标准尺寸制成一套。内六角扳手用于装拆内六角螺钉，成套的内六角扳手可供装拆 M4～M30 的内六角螺钉。

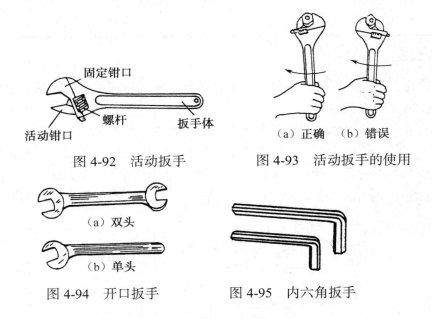

图 4-92　活动扳手　　　　图 4-93　活动扳手的使用

图 4-94　开口扳手　　　　图 4-95　内六角扳手

3．螺纹连接的方法

（1）双头螺柱的装拆方法。

① 两个螺母拧紧，如图 4-96（a）所示。将两个螺母相互锁紧在双头螺柱上，然后扳动上面一个螺母把双头螺柱拧入螺孔中；反向扳动下面一个螺母就可以把双头螺柱旋出螺孔。

② 长螺母拧紧，如图 4-96（b）所示。用止动螺钉阻止长螺母与双头螺柱之间的相对转动，然后扳动长螺母，就可装拆双头螺柱。松开止动螺钉，即可拆掉长螺母。

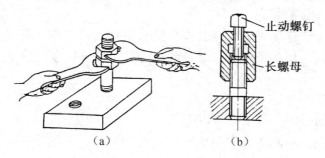

图 4-96 双头螺柱拧入法

（2）螺母和螺钉的装拆方法。螺母和螺钉的装拆除了要按一定的拧紧力矩来拧紧以外，还应注意以下几点。

① 螺杆不应产生弯曲变形，螺钉头部、螺母底面应与连接件接触良好。

② 被连接件应均匀受压，互相紧密贴合，连接牢固。

③ 成组螺母或螺钉拧紧时，应根据被连接件的形状和螺栓的分布情况，按一定的顺序逐次（一般为 2~3 次）拧紧螺母，如图 4-97 所示 。在拧紧长方形布置的成组螺母或螺钉时，应从中间开始，逐渐向两边对称地扩展，如图 4-97（a）所示；在拧紧圆形或方形布置的成组螺母或螺钉时，必须对称地进行（如有定位销，应从靠近定位销的螺栓开始），以防止螺栓受力不一致，甚至变形，如图 4-97（b）所示。

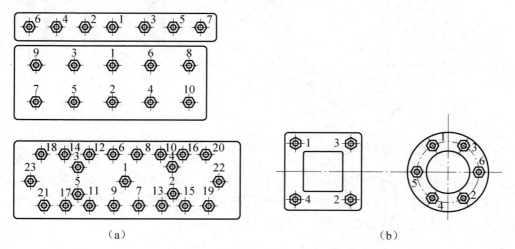

图 4-97 拧紧成组螺母或螺钉的顺序

4.10.2 铆接

铆接是用铆钉将两个或数个工件连接在一起的操作方法。一般铆接分为活动铆接和

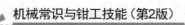

固定铆接两种。

铆接如图 4-98 所示，将铆钉插入被铆接工件的孔内，铆钉头紧贴工件表面，然后将铆钉杆的一端镦粗成为铆合头。

目前，在很多零件连接中，铆接已被焊接所代替，但因铆接有使用方便、简单和连接可靠等特点，所以在桥梁、机车、船舶制造等方面仍有较多的使用。

1．铆接工具

铆接时，常用的手工工具主要有以下几种。

（1）手锤。常用的有圆头和方头手锤。手锤的质量一般按铆钉直径的大小来选取，通常使用 0.25～0.5kg 的小手锤。

（2）压紧冲头。如图 4-99（a）所示，用来压紧被铆接件的工具。当铆钉插入孔内后，用压紧冲头有孔端套在铆钉圆杆上，然后用手锤锤击压紧冲头另一端，使工件相互贴紧。

（3）罩模和顶模。罩模和顶模的工作部分都是凹面，如图 4-99（b）、（c）所示，凹面形状应按所用铆钉的头部形状而制作，一般是凹球面。罩模和顶模的区别在于：铆接时，罩模用于铆出完整的铆合头；顶模用于顶住另一端的铆合头，防止铆合头变形。顶模的柄部做成扁平面，可夹持在台虎钳上，作为铆钉原头的支承。

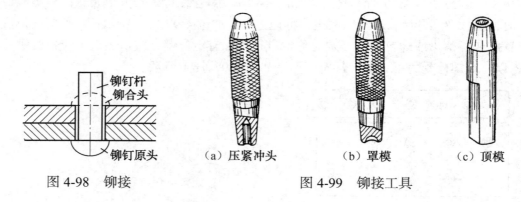

图 4-98　铆接

（a）压紧冲头　　（b）罩模　　（c）顶模

图 4-99　铆接工具

2．铆钉及其有关尺寸的确定

（1）铆钉。铆钉是铆接的连接件，属于标准零件。按铆钉材料可分为钢铆钉、铜铆钉和铝铆钉等；按铆钉形状和用途可分为平头铆钉、半圆头铆钉、沉头铆钉、半圆沉头铆钉、管状空心铆钉和皮带铆钉等，如表 4-14 所示。

表 4-14　铆钉种类及应用

名　　称	形　　状	应　　用
平头铆钉		铆接方便，应用广泛，常用于一般无特殊要求的铆接中，如铁皮箱盒、防护罩壳及其他结合件中

名　称	形　状	应　用
半圆头铆钉		应用广泛，如钢结构的屋架、桥梁和车辆、起重机等常用这种铆钉
沉头铆钉		应用于框架等制品表面要求平整的地方，如铁皮箱柜的门窗及有些手用工具等
半圆沉头铆钉		用于有防滑要求的地方，如脚踏板和走路梯板等
管状空心铆钉		用于在铆接处有空心要求的地方，如电器部件的铆接等
皮带铆钉		用于铆接机床制动带及铆接毛毡、橡胶、皮革材料的制件

（2）铆钉直径和通孔直径的确定。铆钉直径的大小与被连接板的厚度、连接形式及被连接板的材料等多种因素有关，通常按以下原则确定连接板的厚度（t）：厚度相差不大的钢板相铆接时，t 为厚钢板的厚度；厚度相差较大（4 倍及 4 倍以上）的钢板相铆接时，t 为较薄钢板的厚度；钢板与型钢（如角钢、槽钢等）相铆接时，t 为两者的平均厚度。

根据上述原则，铆钉直径可按下式计算。

$$d=1.8t \tag{4-6}$$

标准铆钉的直径及通孔直径可按表 4-15 中所示的选取。

表 4-15　标准铆钉直径及通孔直径

公称直径		2.0	2.5	3.0	4.0	5.0	6.0	8.0	10.0
通孔直径	精装配	2.1	2.6	3.1	4.1	5.2	6.2	8.2	10.3
	粗装配	2.2	2.7	3.4	4.5	5.6	6.6	8.6	11

（3）铆钉长度的确定。铆接时铆钉所需长度（L）等于被连接板总厚度（s）与铆钉伸出长度（铆成铆合头）l 的和，即 $L=s+l$，如图 4-100 所示。铆钉长度可按下列经验公式确定。

半圆头铆钉：　　　　　　　　　$L=s+（1.25 \sim 1.5）d$ 　　　　　　（4-7）

沉头铆钉：　　　　　　　　　　$L=s+（0.8 \sim 1.2）d$ 　　　　　　　（4-8）

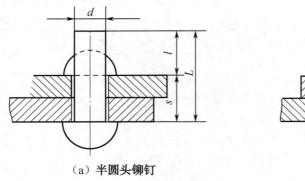
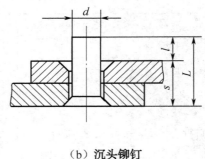

（a）半圆头铆钉　　　　　　　　　　（b）沉头铆钉

图 4-100　　铆钉尺寸的计算

【例 4-3】　　用沉头铆钉铆接 2mm 和 4mm 的两块钢板，如何选择铆钉直径并确定通孔直径和铆钉长度？

【解】　$d=1.8t=1.8×4=7.2$（mm）

按表 4-15 所示取整后，取 d 为 8.0mm

按表 4-15 所示查通孔直径精装配时，取 8.2mm；粗装配时，取 8.6mm。

$$L=s+（0.8～1.2）d=2+4+（0.8～1.2）×8=12.4～15.6（mm）$$

故选取沉头铆钉直径为 8mm，长度为 12.4～15.6mm 的标准铆钉；通孔直径精装配时为 8.2mm，粗装配时为 8.6mm。

3．铆接方法

铆接连接的基本形式是由零件相互结合的位置所决定的，主要有搭接连接、对接连接和角接连接三种，如图 4-101 所示。

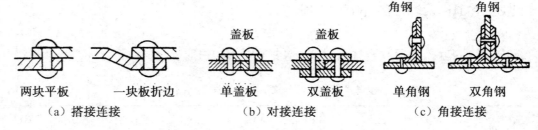

（a）搭接连接　　　　　　（b）对接连接　　　　　　（c）角接连接

图 4-101　铆接连接的基本形式

（1）半圆头铆钉的铆接方法，如图 4-102 所示。

铆接步骤：工件贴合后一起钻孔并倒角→插入铆钉→铆钉下端用顶模顶住，用压紧冲头使工件贴合，如图 4-102（a）所示→用手锤垂直向下镦粗铆钉，如图 4-102（b）所示→用手锤铆出大致形状，如图 4-102（c）所示→用罩模修整铆合头，如图 4-102（d）所示，完成铆接。

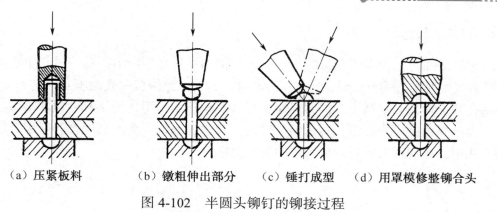

图 4-102 半圆头铆钉的铆接过程

（2）沉头铆钉的铆接方法，如图 4-103 所示。

铆接步骤：工件贴合后一起钻孔、锪孔口倒角→插入铆钉→用压紧冲头使工件贴合，如图 4-103（a）所示→用手锤镦粗铆钉，如图 4-103（b）所示→将铆合头锤打成型，如图 4-103（c）所示→修平铆合头，如图 4-103（d）所示，完成铆接。

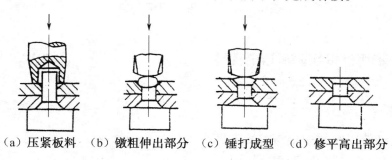

图 4-103 沉头铆钉的铆接过程

（3）管状空心铆钉的铆接方法，如图 4-104 所示。

铆接步骤：工件贴合后一起钻孔、锪孔口倒角→插入铆钉→用压紧冲头使工件贴合，如图 4-104（a）所示→用锥形样冲把铆钉伸出部分口边撑开，如图 4-104（b）所示→用成型冲子使铆合头成型，如图 4-104（c）所示，完成铆接。

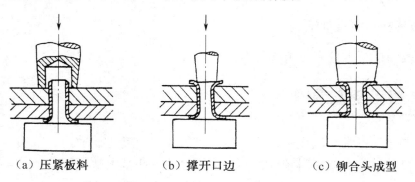

图 4-104 管状空心铆钉的铆接过程

4．铆接的拆卸方法

拆除铆接件时，需要将铆钉的头部去掉，把铆钉从孔中冲出。对一般较粗糙的铆接件，可直接用錾子把铆钉头錾去，再用冲头冲出铆钉。当铆接件表面不允许受到损伤时，可用钻孔方法拆卸。半圆头铆钉的拆卸如图 4-105 所示，可先把铆钉的顶端略微敲平或铲平，再用样冲冲出中心眼，并用钻头钻孔，其深度为铆合头的高度，然后用合适的铁棒插入孔中，将铆钉头折断，最后用冲头冲出铆钉。

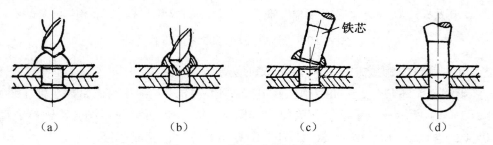

（a）　　　　　　　（b）　　　　　　　（c）　　　　　　　（d）

图 4-105　拆卸半圆头铆钉

4.10.3　螺纹连接与铆接技能训练

1．操作要求

（1）能正确使用螺纹连接与铆接工具。
（2）熟悉螺纹连接的装拆方法。
（3）能正确计算和选择铆钉尺寸及通孔直径。
（4）熟悉电器中的铆接及其拆卸方法。

2．使用的工具、量具

使用的工具、量具有改锥、扳手、钻头、游标卡尺及与铆接有关的工具。

3．螺纹连接、铆接训练

由实习教师根据本校实习条件安排。

4.11　钣金制作常识

在维修工作和日常小制作中，经常需要进行咬缝、卷边、放边、收边、拔缘等钣金工操作。这里只简单介绍板料咬缝、卷边、拔缘的一些基本常识。

4.11.1 薄板的咬缝

将两块板料的边缘按一定形状折转咬合并彼此压紧的操作称为咬缝,又称咬口。常见的金属盆、桶、各种水壶和风道管等都是通过咬缝来连接的。

1. 咬缝的种类

常见的咬缝形式有站扣和卧扣两类,如图4-106所示。站扣制作简单,但刚性较差,密封性也比卧扣差。卧扣连接强度好,外观较平整,密封性较好,但制作复杂。根据强度和密封性要求的不同,卧扣又分为单咬卧扣和整咬卧扣两种。

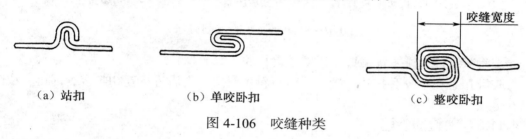

（a）站扣　　　　　　　（b）单咬卧扣　　　　　　（c）整咬卧扣

图4-106　咬缝种类

2. 咬缝余量的确定

制作咬缝零件时,必须先对板料进行下料,使下料尺寸留有足够的咬缝余量。要确定咬缝余量,首先必须确定咬缝的宽度,而咬缝宽度与板厚有关。一般来说,板厚在1.5mm以上时,不采用咬缝连接,而采用焊接或铆接等连接方法;板厚为0.7~1.5mm时,咬缝宽度为8~12mm;板厚在0.7mm以下时,咬缝宽度为6~8mm;板越厚,咬缝越宽。

咬缝余量除与咬缝宽度有关外,还取决于咬缝的形状。以咬卧扣为例,一般来说,单咬卧扣的余量应为咬缝宽度的3倍,整咬卧扣的余量应为咬缝宽度的5倍。咬缝余量在两块板上的分配应是,其中一块板上为1或2倍咬缝宽度,另一块板上为2或3倍咬缝宽度,即两块板上的余量均为咬缝宽度的整数倍,且相差1倍。

3. 咬缝的弯制方法

手工弯制咬缝所使用的工具有木锤、拍板、角钢和方钢等。

单咬卧扣的弯制方法如图4-107所示。其操作过程如下。

（1）先根据咬缝余量,在板料上划出咬缝弯折线。

（2）将板料放在角钢或方钢上（角钢或方钢可放在平板上）,并使弯折线对齐角钢或方钢的边缘。

（3）用木锤敲击伸出部分,使其弯折成90°。

（4）翻转板料（翻面）,用木锤锤击,使弯折边朝内再弯折90°（留有一定的缝隙）。

（5）按前面的方法弯折另一块板料;将已弯折的两块板料互扣,并用木锤敲击压紧。

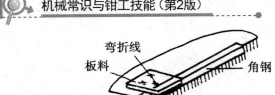

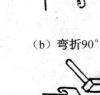

（a）板料安放　　　　　　　　　　　　（b）弯折90°

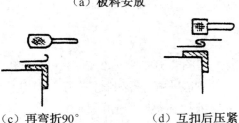

（c）再弯折90°　　　　（d）互扣后压紧　　　　（e）边缘敲凹

图 4-107　单咬卧扣的弯制方法

（6）将咬缝边缘用木锤敲凹，以防咬缝松脱。

整咬卧扣是在单咬卧扣的基础上，对板料再弯折一次后进行互扣咬合，即可完成。

4.11.2　薄板的卷边

为了提高薄板制件边缘处的刚性和强度，需要把边缘卷曲成一定的形状，这种操作方法称为卷边。

1．卷边的种类

常见的卷边有夹丝卷边和空心卷边两种，如图 4-108 所示。夹丝卷边是在边缘上加上一根铁丝进行卷曲，以增加卷边部分的刚性和强度。一般铁丝直径应为板料厚度的 3 倍以上。

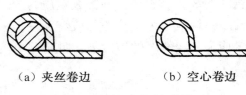

（a）夹丝卷边　　　　　　　（b）空心卷边

图 4-108　卷边的种类

2．卷边展开尺寸的计算

制作卷边零件首先要进行下料，下料尺寸应充分考虑到卷边部分的余量，因此卷边零件的尺寸应当包括不卷曲部分和卷曲（形成卷边）部分的尺寸，如图 4-109 所示。

卷边部分的尺寸应包括弧长 AB 和直线部分 BC，设其展开长度分别为 L_2 和 L_1，卷边部分的展开尺寸为 L，则 $L=L_1+L_2$。

L_2 的计算属内边圆弧制件弯曲前毛坯长度计算问题，因为是薄板卷边，故 r/t 一般都在 8 以上，所以取 x_0=0.5，由公式（4-4）得：L_2=π×（d/2+0.5t）×270°/180°

由图 4-109 得知 L_1=d/2

所以
$$L=L_1+L_2$$
$$= d/2 + 3/4\,\pi\,(d+t) \tag{4-9}$$

式中　L——卷边部分的展开长度（mm）;

　　　d——铁丝直径（mm）;

　　　t——板料的厚度（mm）。

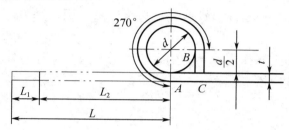

图 4-109　卷边部分展开图

【例 4-4】　在图 4-109 所示中，已知 d=4mm，t=0.2mm，求卷边部分的展开长度。

【解】　由公式（4-11）得　$L= d/2+3/4\,\pi\,(d+t)$
$$= 4/2+3/4×3.14×（4+0.2）$$
$$≈11.89mm$$
所以卷边部分的展开长度应为 11.89mm。

3．卷边的制作方法

制作卷边时使用的工具有木锤、方铁或平板等。

夹丝卷边的制作方法如图 4-110 所示，操作过程如下。

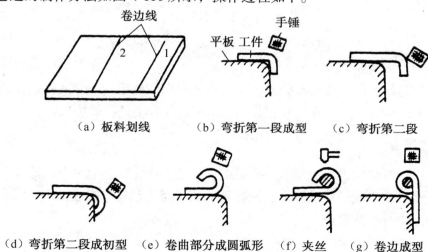

（a）板料划线　　（b）弯折第一段成型　　（c）弯折第二段

（d）弯折第二段成初型　（e）卷曲部分成圆弧形　（f）夹丝　（g）卷边成型

图 4-110　夹丝卷边的制作方法

（1）在板料上划出卷边线（依据尺寸 L_1 和 L_2）1 和 2。

（2）将板料放在方铁或平板上，并使第一条卷边线与方铁或平板的边缘对齐。

（3）用木锤敲打伸出部分成 85°～90°（用左手压住板料）。

（4）再伸出板料使第二条卷边线对齐方铁或平板边缘后，左手压住板料，用木锤敲打伸出部分，直到第一次敲打的边缘碰到方铁或平板。

（5）将板料翻转后，用木锤轻敲已卷曲部分向内扣，使卷曲部分逐渐成圆弧形。

（6）将铁丝放入卷边内，一段一段地扣好，全扣完后，再轻敲卷边使其紧靠铁丝。

（7）翻转板料，使接口紧靠方铁或平板边缘，然后用木锤敲击，使卷边紧扣铁丝并咬紧接口。

手工制作空心卷边与制作夹丝卷边的方法相似，只是应注意铁丝与卷边不能靠得过紧，以便卷边完成后抽出铁丝。

4.11.3　放边

为了使钣金制件的边缘增宽，需将边缘部分变薄延长，这种操作方法称为放边。放边方法有打薄放边和拉薄放边两种，如图 4-111 所示。

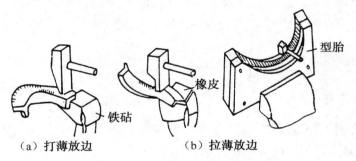

（a）打薄放边　　　　（b）拉薄放边

图 4-111　放边方法

1. 打薄放边

打薄放边是将板料需放边部分的边缘放在铁砧上，然后用手锤敲打使其延展变薄而伸长。这种方法操作简单，在维修工作中常采用这种方法进行放边。

2. 拉薄放边

拉薄放边与打薄放边方法相似，只需将铁砧垫上橡皮或换成木墩，这样在用手锤锤击时，由于橡皮或木墩的弹性变形，使板料伸展变薄而延长。在成批生产或有条件时，也可在型胎上进行拉薄放边。

4.11.4 咬缝和卷边技能训练

1. 操作要求

（1）熟悉咬缝和卷边的制作方法。

（2）能制作单咬卧扣和夹丝卷边。

2. 使用的工具、量具

使用的工具、量具有木锤、平板、剪刀、钢尺、卡尺、角钢、划线工具等。

3. 咬缝和卷边训练（以图 4-112 所示的漏斗为例）

漏斗是由漏斗圈 1、漏斗身 2、漏斗嘴 3 和漏斗錾 4 四个部分焊接而成的，常用 0.4mm 以下的镀锌铁皮制成。

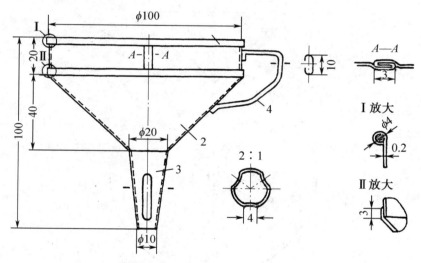

1—漏斗圈；2—漏斗身；3—漏斗嘴；4—漏斗錾

图 4-112 漏斗

制作漏斗圈 1，操作过程如下。

（1）下料。如图 4-112 所示，漏斗圈是由薄板经夹丝卷边和咬缝（单咬卧扣）后制成的柱筒形。因此下料尺寸应为柱筒的展开尺寸，如图 4-113 所示，同时还应放出相应的卷边和咬缝余量（计算时可不考虑板厚的影响）。

（2）制作夹丝卷边，达到图纸要求。

（3）弯折咬缝两边成内扣形，并留有缝隙。

（4）将漏斗圈弯卷成柱筒形，并将咬缝互扣。注意校圆。

（5）将漏斗圈套在圆柱上，用木锤锤击咬缝处，使其扣紧，漏斗圈即制成。

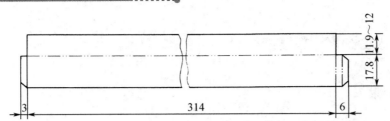

图 4-113　漏斗圈下料图

制作漏斗身 2，操作过程如下。

（1）下料。如图 4-112 所示，漏斗身呈一锥筒形，经收边和咬缝而制成，下料时应留出收边余量和咬缝余量，如图 4-114 所示，可依此进行划线下料。

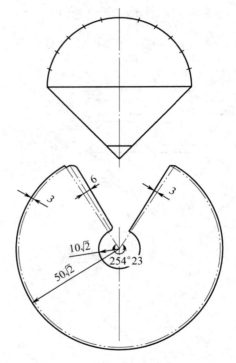

图 4-114　漏斗身下料图

（2）将两边按咬缝加工线弯折成内扣形，并留有缝隙。

（3）将漏斗身弯卷成锥筒形，并使咬缝互扣。注意校圆。

（4）将漏斗身套在圆柱上，并用木锤锤击咬缝处，使其扣紧。

（5）将漏斗身大端套在圆柱上，并使收边线对齐圆柱端面，然后用木锤锤击收边部分，使其贴近圆柱（注意漏斗身的轴线与圆柱轴线平行）进行收边并校圆，如图 4-115 所示，漏斗身即制成。

制作漏斗嘴 3，操作过程如下。

（1）下料。漏斗嘴与漏斗身相似，只是缺少收边部分，在锥面上增加了三条凹槽，因此下料时，需留有咬缝余量，如图4-116所示，可依此进行划线下料。

（2）将两边按咬缝加工线弯折成内扣形，并留有缝隙。

（3）将漏斗嘴弯卷成锥筒形，并使咬缝互扣。注意校圆。

（4）将漏斗嘴套在圆柱上，并用木锤锤击咬缝处，使其扣紧。

（5）将漏斗嘴套在有槽的圆柱上，然后用扁冲子在圆周方向压出三条凹槽。漏斗嘴即制成。

制作漏斗錾4，操作过程如下。

（1）划线下料，尺寸为90×22的长方形，并划好加工线。

（2）将两长边进行卷边（内似空心卷边）。

（3）将卷边后的长条弯折成图4-112所示的形状。

拼装焊接（用锡焊）操作过程如下。

（1）将漏斗圈与漏斗身焊接在一起。

（2）将漏斗嘴对焊在漏斗身的小端。

（3）将漏斗錾焊接在漏斗圈和漏斗身上。

（4）用锉刀修整焊缝，使其比较光整。

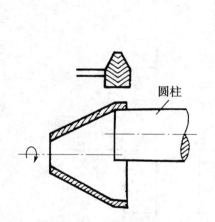

图 4-115 漏斗身的收边

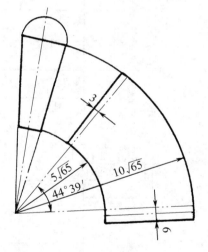

图 4-116 漏斗嘴下料图

4.12 综合实训

4.12.1 锉配四方体

1. 操作要求

（1）掌握四方体的锉削方法。

（2）了解影响锉配精度的因素，并掌握锉配误差的检查和修整方法。

（3）进一步掌握平面锉削技能，了解内表面加工过程及形位精度在加工中的控制方法。

（4）遵守安全文明生产规则。

2．使用的工具、量具

使用的工具、量具有划针、划规、粗细锉刀、手锯、直角尺、游标高度尺、游标卡尺等。

3．生产实习图（图 4-117）

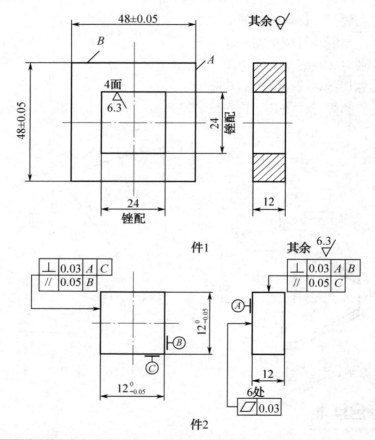

实习件名称	材料	材料来源	工序/道	件数	工时/h
四方体	Q235 钢	28×28×16 48×48×12 （刨削）		1	16

图 4-117　四方体

4．操作步骤

（1）加工件2，使之达到尺寸、平面度、平行度、垂直度及表面粗糙度的要求。

（2）加工件1，粗、细锉 A、B 面，使其垂直度和大平面的垂直度控制在 0.02mm 范围内，并以 A、B 面为基准，划内四方体 24mm×24mm 的尺寸线，并用已加工四方体校核所划线条的正确性。

（3）钻排孔，粗锉至接触线条留 0.1~0.2mm 的加工余量。

（4）细锉靠近 A 基准的一侧面，达到与 A 面平行，与大平面垂直。

（5）细锉第一面的一侧面，达到与第一面平行。用件2试配，使其较紧地塞入。

（6）细锉靠近 B 面的一侧面，达到与 B 面垂直，与大平面及已加工的两侧面垂直。

（7）细锉第四面，使之达到与第三面平行，与两侧面及大平面垂直，达到件2能较紧地塞入。

（8）用件2进行转位修正，达到全面精度符合图样要求。最后达到件2在内四方体内能自由地推进推出，毫无阻碍。

（9）去毛刺，用塞尺检查配合精度，达到换位后最大间隙不超过 0.1mm，最大喇叭口不超出 0.05mm，塞入深度不超过 3mm。

4.12.2　制作錾口锤子

1．操作要求

（1）掌握锉腰形孔及连接内外圆弧面的方法，达到连接圆滑、位置及尺寸正确。

（2）熟练推锉技能，达到纹理齐整，表面光洁。

（3）正确刃磨工具，如划线、样冲、麻花钻等。

（4）遵守安全文明生产规则。

2．使用的工具、量具

使用的工具、量具有划针、划规、粗细锉刀、手锯、钻头、直角尺、游标卡尺、样板等。

3．生产实习图（图 4-118）

4．操作步骤

（1）根据图样要求下料。

（2）按图样要求锉准 20mm×20mm 长方体。

（3）以长面为基准锉一端面，达到基本垂直，表面粗糙度 $R_a \leqslant 3.2\mu m$。

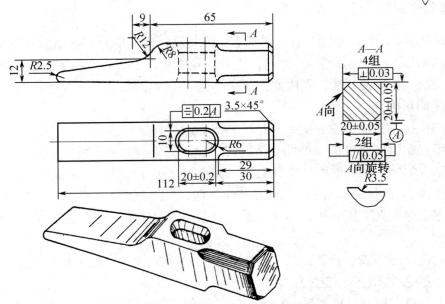

实习件名称	材料	材料来源	工序/道	件数	工时/h
鸭嘴锤头	45 钢	φ30×115(备料)		1	16

图 4-118　錾口锤子制作

（4）以一长面及端面为基准，用錾口锤子样板划出形体加工线（两面同时划出），并按图样尺寸划出 4～3.5mm×45°倒角加工线。

（5）锉 4×C3.5mm 的倒角达到要求。先用圆锉粗锉出 R3.5mm 的圆弧，然后分别用粗、细板锉粗、细锉倒角，再用圆锉细加工 R3.5mm 圆弧，最后用推锉法修整，并用砂布打光。

（6）按图样划出腰孔加工线及钻孔检查线，并用 φ9.8mm 钻头钻孔。

（7）用圆锉锉通两孔，然后按图样要求锉好腰孔。

（8）按划线在 R12mm 处钻 φ5mm 孔，然后用手锯按加工线锯掉多余部分（留余量）。

（9）用半圆锉按线粗锉 R12mm 内圆弧面，用板锉粗锉斜面与 R8mm 圆弧面至划线线条。然后用细板锉细锉斜面，用半圆锉细锉 R12mm 内圆弧面，再用细板锉细锉 R8mm 外圆弧面。最后用细板锉及半圆锉作推锉修整，达到各型面连接圆滑、光洁、纹理齐整。

（10）锉 R2.5mm 圆头，并保证工件总长为 112mm。

（11）八角端部棱边倒角 3.5mm×45°。

（12）用砂布将各加工面全部打光，交件待验。

（13）待工件检验后，再将腰孔各面倒出 1mm 弧形喇叭口，20mm 端面锉成略凸弧面，然后将工件两端热处理淬硬。

4.12.3　制作六角螺母

1．操作要求

（1）巩固划线、锯割、锉削、钻孔和攻螺纹等基本操作技能。

（2）正确使用工具、量具。

（3）遵守安全文明生产规则。

2．使用的工具、量具

使用的工具、量具有划针、划规、粗细锉刀、手锯、钻头、丝锥、90°锥形锪钻、直角尺、刀口尺、塞尺、游标卡尺、120°样板等。

3．生产实习图（图4-119）

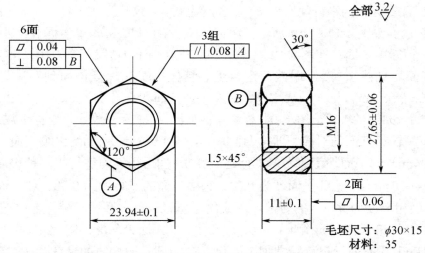

实习件名称	材料	材料来源	工序/道	件数	工时/h
六角螺母	35钢	$\phi30\times15$(备料)		1	12

图4-119　六角螺母

4．操作过程

（1）用手锯下料，注意使锯面平整且与轴线垂直。

（2）锉削两端面。先选择较平整且与轴线垂直的端面进行粗、精锉，达到平面度为0.06，表面粗糙度为Ra3.2的要求，并做好标记，即为基准面B，用刀口尺进行检查；以B面作基准，粗、精锉另一端面，保证尺寸为（11±0.1）mm，平面度为0.06，表面粗糙度为Ra3.2的要求。用游标卡尺、刀口尺、塞尺进行检查。

（3）锉削加工六侧面，如图4-120所示。

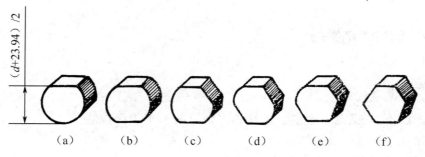

图 4-120　六侧面加工方法

① 检查原材料，测量出实际直径 d。

② 粗、精锉第一面，如图 4-120（a）所示，保证该面与对边圆柱母线的尺寸为 $(d+23.94)/2\pm0.05$mm、平面度为 0.04、对 B 面的垂直度为 0.08、表面粗糙度为 $Ra3.2$ 的要求，并做好标记，记作基准面 A。用角尺、塞尺、刀口尺、游标卡尺进行检查。

③ 以 A 面为基准划出相距 23.94mm 的尺寸加工线（两端面均要划线），然后进行粗、精锉加工，保证对 A 面的平行度为 0.08、平面度为 0.04、尺寸为 23.94 ± 0.1mm、表面粗糙度为 $Ra3.2$ 的要求，如图 4-120（b）所示。用直角尺、刀口尺、塞尺、游标卡尺进行检查。

④ 粗、精锉第三面，如图 4-120（c）所示。以 A 面为划线基准，用 120°样板进行划线（两端面均划线），然后用锉刀进行粗、精锉加工，保证该面到对边母线的尺寸 $(d+23.94)/2\pm0.05$mm、与 A 面成 120°夹角、对 B 面的垂直度为 0.08、平面度为 0.04、表面粗糙度为 $Ra3.2$ 的要求。用 120°样板、直角尺、刀口尺、塞尺、游标卡尺进行检查。

⑤ 粗、精锉第三面的对面，即第四面，如图 4-120（d）所示。以第三面为基准划出相距为 23.94mm 的平面加工线（两端面均划线），然后用锉刀进行粗、精锉加工，保证尺寸为 23.94 ± 0.1mm ，达到平面度为 0.04，对第三面的平行度为 0.08，对 B 面的垂直度为 0.08、表面粗糙度为 $Ra3.2$ 的要求。用直角尺、刀口尺、塞尺、游标卡尺进行检查。

⑥ 粗、精锉第五面，如图 4-120（e）所示。以 A 面为基准，用 120°样板划出平面加工线，然后用锉刀进行粗、精锉加工，保证该面到对边母线的尺寸为 $(d+23.94)/2\pm0.05$mm、对 A 面成 120°夹角、对 B 面的垂直度为 0.08、平面度为 0.04、表面粗糙度为 $Ra3.2$ 的要求。用直角尺、刀口尺、塞尺、游标卡尺、120°样板进行检查。

⑦ 粗、精锉第六面，如图 4-120（f）所示。先以第五面为基准，划出相距 23.94mm 的加工线，然后用锉刀进行粗、精锉加工，保证尺寸为 23.94 ± 0.1mm，达到对第五面的平行度为 0.08、对 B 面的垂直度为 0.08、平面度为 0.04 的要求。用直角尺、刀口尺、塞尺、游标卡尺进行检查。

⑧ 全面检查和进行修整后，对锐边进行倒棱。

检查平行度和垂直度，也可用百分表进行。

（4）两端面倒圆角。

① 划六角形内切圆加工线。

② 用锉刀进行倒角，保证成角 30°并去除毛刺。

（5）加工底孔并攻丝。

① 划出底孔加工线（$D_钻=D-P=16-2=14mm$），并在中心处打样冲眼。

② 用 $\phi14$ 的钻头钻底孔。

③ 用 90°锥形锪钻锪孔口倒角，保证成角 1.5×45°。

④ 用 M 16 丝锥进行攻螺纹，保证螺纹轴线对 B 面垂直。

（6）自检合格后交给教师验收。

4.12.4 制作外卡钳

1．操作要求

（1）巩固錾削、锉削、钻孔、矫正、弯曲、铆接、划线等基本操作技能。

（2）正确使用工具、量具。

（3）遵守安全文明生产规则。

2．使用的工具、量具

使用的工具、量具有手锤、錾子、锉刀、钻头、游标卡尺及划线、弯曲的有关工具。

3．生产实习图（图 4-121）

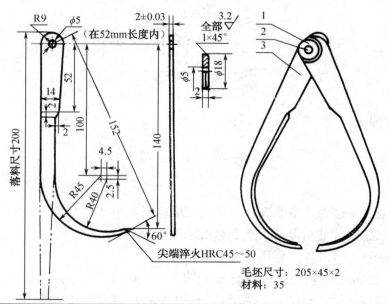

实习件名称	材料	材料来源	工序/道	件数	工时/h
外卡钳	35 钢	$\phi205×45$(备料 2 件)		1	10

图 4-121　外卡钳

4．操作过程

（1）检查板料，划出錾切加工线。

（2）用扁錾沿錾切加工线将板料分割成两块。

（3）矫平板料，使其放在平板上能与平板贴平。

（4）制作两卡爪。

① 按展开尺寸划出加工线。

② 把两件合并起来粗、精锉外形至合适尺寸。

③ 用$\phi 5$的钻头钻孔，并用砂布抛光。

④ 在弯曲工具上弯曲成形，如图4-122所示。注意使两卡爪一致。

（5）划线、锉削加工两垫片外形，保证尺寸要求后，再钻$\phi 5$内孔，并用砂布抛光。

（6）用铆钉进行铆接，并使两卡爪活动松紧合适。

（7）将两卡爪加热（呈樱红色）后取出，放入水中快速冷却。

（8）检查两卡爪测量面是否平齐，如果不平齐，则作相应调整。

（9）用砂布全面抛光。

（10）自检合格后交给教师验收。

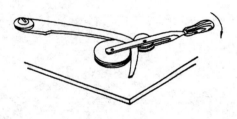

图4-122　弯制卡爪

 习题4

1．思考题

（1）平面划线要选择几个基准，立体划线应选择几个基准？

（2）为什么划线基准与设计基准要尽量一致？

（3）錾子的种类有哪些，各用于哪些场合？

（4）在厚2.5mm板料上錾切$\phi 100$mm的圆孔，选用哪种錾子最合适，如何錾切？

（5）锯条是易耗品，有什么方法可充分利用锯条材料，延长其使用寿命？

（6）锯削时，为了追求速度，锯削频率很快，你认为这样妥当吗，会产生什么后果？

（7）为什么锯条要有锯路？

（8）完成钻孔工作必须具备哪两种运动？

（9）为什么直径大于 6mm 的钻头，刃磨时应磨短其横刃？

（10）常用锪钻有哪几种，各适用于哪种场合？

（11）怎样防止攻螺纹时螺纹乱牙？

（12）分析攻螺纹或套螺纹过程中经常反转一下的目的。

（13）弯形后中性层位置是否在材料中间，中性层位置与哪些因素有关？

（14）分析 r/t 的比值越大，弯曲变形越小，中性层越接近材料几何中心的原因。

（15）螺纹连接有哪几种形式，有何特点？

（16）装拆螺钉、螺母时应注意哪些问题？

（17）试述管状空心铆钉的铆接过程。

（18）钣金制作的基本操作技术有哪些？

（19）薄板咬缝有哪几种形式，怎样确定咬缝余量？

（20）什么是卷边，常见的卷边有哪两种形式？

2．技能训练题

（1）根据图 4-123，写出游标卡尺的测量读数。

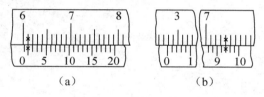

（a）　　　　　　　　　（b）

图 4-123　第（1）题图

（2）根据图 4-124，写出千分尺表示的尺寸。

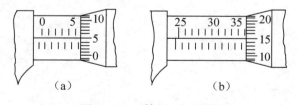

（a）　　　　　　　　　（b）

图 4-124　第（2）题图

（3）用钢尺、游标卡尺、千分尺分别测量同一零件的尺寸，读取读数，并比较测量结果。

（4）用游标卡尺和千分尺测量已知线径的裸铜线，并比较测量结果。

（5）用计算法确定下列螺纹加工时的底孔直径或钻孔深度。

① 通孔螺纹：在钢料上攻 M20×1.5；在铸铁上攻 M12。

② 盲孔螺纹：材料 LF11，有效深度为 40mm，M16。

（6）用板牙套制 M18 的螺杆，试计算套螺纹前的圆杆直径。

（7）求弯制图 4-125 所示工件的毛坯长度。图中 a=100mm，b=120mm，c=200mm，r=5mm，t=5mm。

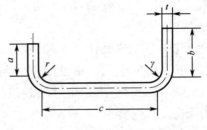

图 4-125　第（7）题图

（8）用沉头铆钉把板厚分别为 4mm、7mm 的两块板料铆在一起，试确定标准沉头铆钉的直径、长度及通孔直径（粗装配）。

参考答案

习题 1

1. 思考题

（1）常用的机械图样有轴测图和视图两大类。轴测图能同时反映出物体三个坐标面的形状，富有立体感，但不能反映出物体各表面的实形。视图是观测者从各个不同角度观察同一个空间形体而画出的平面图形，能准确表达物体的形状和大小。

（2）A1 幅面是 A2 幅面的 2 倍，A2 幅面又是 A3 幅面的 2 倍。

（3）比例是图样中图形与其实物相应要素的线性尺寸之比，比例分为原值比例、放大比例、缩小比例三种。

（4）用 2∶1 的比例绘制的图样大，因为 2∶1 是放大比例。

（5）图样中书写的字体必须做到字体工整、笔画清楚、间隔均匀、排列整齐。汉字应写成长仿宋体，并采用国家正式公布的简化字。

（6）一个完整的尺寸应包括尺寸界线、尺寸线和尺寸数字三个基本要素。

（7）标注尺寸的基本规则有以下 4 点：①机件的真实大小应以图样上所注的尺寸数值为依据，与图形的大小及绘图的准确度无关。②图样中的尺寸以 mm 为单位时，不必标注计量单位的符号或名称。③图样中所注的尺寸为该图样所示机件的最后完工尺寸。④机件的每一尺寸一般只标一次，并应标注在表示该结构最清晰的图形上。

（8）一直线对另一直线或一平面对另一平面的倾斜程度，称为斜度。正圆锥底圆直径与圆锥高度之比，称为锥度。

（9）投影法分为中心投影法和平行投影法两类。

（10）正投影法的投射线垂直于投影面；斜投影法的投射线倾斜于投影面。在绘制机械图样时普遍采用正投影法。

（11）把物体放在三投影面体系中，用正投影的方法，在三个投影面上画出物体的图形，称为三视图。在正面得到的视图称为主视图，反映物体的长度和高度；在水平面上得到的视图称为俯视图，反映物体的长度和宽度；在侧面得到的视图称为左视图，反映物体的高度和宽度。

（12）主视图与俯视图长对正；主视图与左视图高平齐；俯视图与左视图宽相等。简称为"长对正、高平齐、宽相等"，也称"三等"关系。

（13）平面立体是指表面全部由平面构成的基本几何体。曲面立体是指表面由曲面或曲面与平面构成的基本几何体。

（14）由两个或两个以上的基本几何体组成的物体称为组合体。组合体有叠加式组合体、切割式组合体和综合式组合体三种形式。

（15）组合体视图中的尺寸主要有定形尺寸、定位尺寸、总体尺寸三种。

（16）视图包括基本视图、向视图、斜视图和局部视图四种。斜视图和局部视图都是为了表达机件的部分结构，但斜视图是向不平行于基本投影面的平面投射所得的图形，而局部视图是向基本投影面投射所得的视图。

（17）常见的剖视图有全剖视图、半剖试图、局部剖视图三种。全剖视图主要用于外部形状简单、内部结构较复杂的零件；半剖视图主要用于具有对称平面的零件，一半表达外形，一半表达内形；局部剖视图主要用于表达零件局部位置的内部形状。

（18）假想用剖切平面将机件的某处切断，仅画出断面的图形，称为断面图。断面图包括移出断面图和重合断面图两种。

（19）螺纹的基本要素包括牙型、螺纹直径、线数、螺距和导程、旋向。

（20）常用螺纹紧固件有螺栓、螺柱（双头螺柱）、螺钉、螺母和垫圈等，属于标准件。

（21）键常用来连接轴上零件（如带轮、齿轮等），并传递扭矩。常用的键包括普通平键（普通平键分为 A 型、B 型和 C 型三种）、半圆键和钩头楔键。

（22）销主要用于零件的连接、定位和防松，也可起到过载保护作用。常用的有圆柱销、圆锥销和开口销三种。

（23）常见的弹簧有螺旋弹簧、涡卷弹簧和板弹簧。

（24）滚动轴承一般由内圈、外圈、滚动体、保持架 4 个部分组成。

（25）标准公差是国家标准中规定的用以确定公差带大小的任一公差，它是由基本尺寸大小和公差等级两个因素决定的。基本偏差是确定公差带相对于零线位置的上极限偏差或下极限偏差，一般为靠近零线的那个偏差。

（26）基本尺寸相同的、相互结合的孔和轴公差带之间的关系称为配合。配合分为间隙配合、过渡配合、过盈配合三种。

（27）零件的几何公差包括形状公差、方向公差、位置公差和跳动公差。

（28）零件图是表达零件的结构、大小及技术要求的图样，也是在制造和检验零件时用的图样。一张完整的零件图应包含一组表达零件的图形、一组完整的尺寸、技术要求和标题栏 4 个部分。

（29）装配图是用于表达机器或部件连接、装配关系的图样。一张完整的装配图应包括一组图形、必要的尺寸、技术要求、标题栏和明细栏四个部分。

（30）展开图是按制件表面的全部或局部的真实形状和大小，依次平摊在一个平面上所得到的图形。画展开图有平行线、放射线和三角形等作图方法。

2．技能训练题

（1）~（10）题答案略。

（11）根据两个视图，补全第三视图。

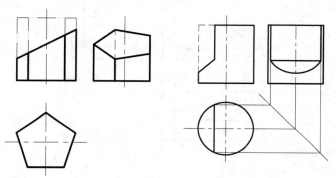

（12）补全三视图中的缺线。

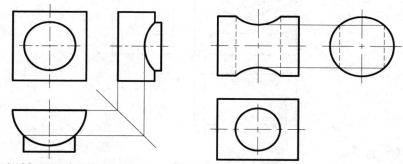

（13）根据轴测图在图纸上按 1：1 的比例画出三视图。

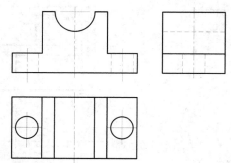

（14）根据两视图，补画第三视图。

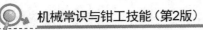

（15）绘制全剖视图。

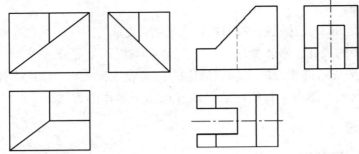

（16）绘制全剖视图。

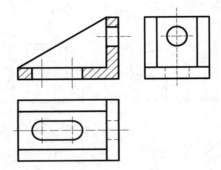

（17）绘制全剖视图。

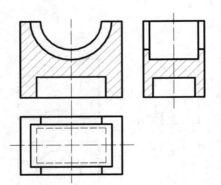

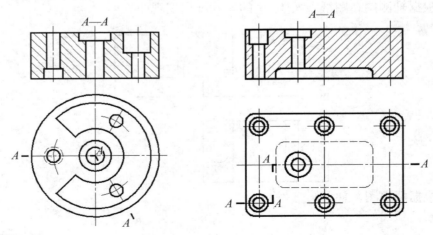

（18）在指定位置画出断面图图中左端键槽深 4mm，右端键槽深 3mm。

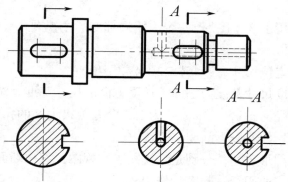

（19）分析螺纹画法中的错误，并在指定位置画出正确的图形。

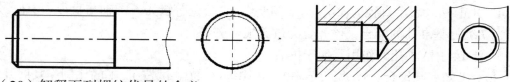

（20）解释下列螺纹代号的含义。

M24−6H：粗牙普通螺纹，公称直径为 24mm，单线、右旋、中径、小径公差带代号均为 6H。

M30×2−5g6g：细牙普通螺纹，公称直径为 30mm，螺距为 2mm，单线、右旋、中径公差带代号均为 5g，大径公差带代号为 6g。

G3/4A：非螺纹密封的管螺纹，尺寸代号 3/4，公差等级为 A 级，右旋。

$T_r30×12$（P6）：梯形螺纹，公差直径为 30mm，螺距为 6mm，双线。

（21）解释下列滚动轴承代号的含义。

7308：角接触球轴承，尺寸代号为 3，内径代号为 08，内径为 40mm。

6602：深沟球轴承，尺寸代号为 6，内径代号为 02，内径为 15mm。

（22）解释下列配合代号的含义。

$\phi22\dfrac{H7}{r6}$ 表示直径为 $\phi22r6$ 轴与 $\phi22H7$ 的基准孔之间的配合，改配合为过盈配合。

$\phi30\dfrac{G7}{h6}$ 表示直径为 $\phi30G7$ 的孔与 $\phi30h6$ 的基准孔之间的配合，改配合为间隙配合。

（23）解释图中 1、2、3、4 四个形位公差标注的意义。

1：左台阶面相对于右端面的平行度公差为 0.025mm。

2：$\phi92$ 外圆柱面相对于 $\phi16h7$ 圆柱孔的轴线的径向圆跳动公差为 0.025mm。

3：右端面的平面度公差为 0.015mm。

4：右端面相对 $\phi16h7$ 圆柱孔的轴线的垂直度公差为 0.04mm。

（24）读零件图并回答下列问题。

① 该零件的名称为支架，绘图比例为 1∶1，材料为 HT150，表示灰铸铁，抗拉强度不小于 150MP。

② 该零件图共采用了 3 个图形，一个采用局部剖的主视图，一个采用全剖的左视图，一个表达外形的俯视图。

③ 该零件图中的定位尺寸有：45，22，47，ϕ40。

④ 零件方向的高度尺寸基准为底面，长度方向的尺寸基准为对称中心。

⑤ ϕ31H8 表示直径为ϕ31，基本偏差为 H，公差等级为 8 的孔。

（25）识读装配图，回答以下问题。

① 装配图用 4 个图形表达，分别是主视图、左视图、移出断面图和局部视图。

② 件 2 的材料为工业用纸，起密封作用。

③ *B-B* 图是为了表达左右端盖与泵体的定位销的连接情况。

④ ϕ16H7/n6 表示直径为ϕ16，基本偏差为 n，公差等级为 6 的轴与直径为ϕ16、公差等级为 7 级的基准孔的配合，该配合为过渡配合。

⑤ 件 14 上的小孔的作用是便于拆装。

（26）已知一圆锥台，尺寸：$D=\phi50$，$d=\phi30$，$h=30$。试按 1∶1 的比例作其展开图。

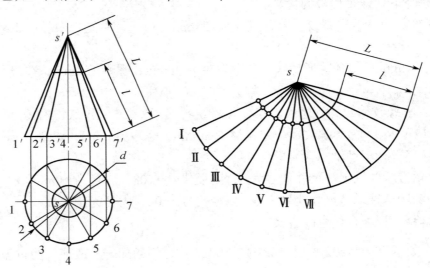

习题 2

1. 思考题

（1）常用的工程材料分哪几类，其中金属材料又可分为几类？

答：常用的工程材料可分为金属材料和非金属材料两大类。其中金属材料又可分为钢铁材料和有色金属材料两大类。

（2）什么是材料的物理性能，主要包括哪些特性？

答：金属材料的物理性能是金属材料本身所固有的属性，包括密度、熔点、导热性、热膨胀性、导电性、磁性等。

（3）什么是金属材料的力学性能，主要有哪些指标？

答：金属材料在外力作用下所表现出来的性能称为力学性能，包括强度、塑性、硬度、韧性和疲劳强度等指标。

（4）钢按化学成分、含碳量、用途、质量不同各分为哪几类？

答：按化学成分可分为：碳素钢和合金钢；

按含碳量可分为：低碳钢、中碳钢和高碳钢；

按用途可分为：结构钢、工具钢和特殊性能钢；

按质量可分为：普通钢、优质钢和高级优质钢。

（5）常用结构钢有哪些，分别说出各结构钢的牌号表示方法、性能及主要用途。

答：常用的结构钢有：普通碳素结构钢、优质碳素结构钢和合金结构钢。牌号表示方法、性能及主要用途如下表所示。

名　称	牌　号	性　能	用　途
普通碳素结构钢	用"Q+数字"表示，其中"Q"为屈服点"屈"字的汉语拼音的首字母，"数字"表示屈服强度的数值。牌号后面标注的字母 A、B、C、D 表示钢材质量等级，其中 A 级质量最差，D 级质量最好。若在牌号后面标注字母"F"则表示脱氧方法为沸腾钢，标注"b"为半镇静钢，标注"Z"或不标注为镇静钢	具有良好焊接性能和压力加工性能	用于工程结构件和一般机械零件
优质碳素结构钢	用两位数字（平均含碳量的万分数）表示。若钢中锰质量分数较高，则在数字后附加符号"Mn"，如 15Mn、45Mn 等。若为高级优质碳素结构钢，则在其牌号后面加符号 A	化学成分稳定，塑性、韧性较好	主要用于制造较重要的机器零件
合金结构钢	用"两位数字+元素符号（或汉字）+数字"表示，其中前面的"两位数字"表示钢的平均含碳量的万分数，"元素符号（或汉字）"表示所含的合金元素符号，后面的"数字"表示合金元素的平均含量的百分数，当合金元素含量小于 1.5%时不标出，如果平均含量为 1.5%～2.5%时则标为 2，平均含量为 2.5%～3.5%时则标为 3，以此类推	力学性能比碳素结构钢显著提高	主要用于制造重要的机械零件和工程结构件

（6）磁性材料有哪几类，它们的性能与用途是什么？

答：磁性材料按用途和性能不同分为软磁材料和硬磁材料（永磁材料）。

软磁材料只有在外加磁场作用下才能显示出来磁性，失去外加磁场后磁性即消失。

软磁材料广泛应用于制造电机、变压器、继电器等电器元件。

硬磁材料也称永磁材料，在外加磁场消除后，仍然保持很高的磁性并不易消失。硬磁材料具有很高的磁能积和较高的磁化强度及磁滞性能，常用来制造永久磁铁、电工仪表、电机等。

（7）什么是黄铜，黄铜按照化学成分不同有哪几类？分别说出它们的牌号表示方法、性能及主要用途。

答：黄铜是以锌为主加元素的铜合金。按照化学成分的不同黄铜分为普通黄铜和特殊黄铜。牌号表示方法、性能及主要用途如下表所示。

名　　称	牌　　号	性　　能	用　　途
普通黄铜	用"H＋数字"表示，其中"H"为黄铜的"黄"的汉语拼音的首字母，"数字"表示铜的质量分数。如 H62 表示平均含铜（Cu）量为 62%，其余为锌（Zn）的普通黄铜	具有良好的力学性能，色泽美观，耐腐蚀性、切削加工性能好	艺术品、供水和排水管、双金属片、散热器、弹壳、复杂冲压件等
特殊黄铜	特殊黄铜的牌号用"H＋主加元素符号＋铜的百分含量+主加元素的百分含量"表示。如 HPb59-1 表示平均含铜（Cu）量为 59%，含铅（Pb）量为 1%，其余为锌（Zn）的铅黄铜	比普通黄铜具有更佳的性能，加铅可以改善切削性能，加锡提高对海水的抗蚀性，加铝、锰、硅则提高强度、硬度和耐磨性	船舶零件、蒸汽机和拖拉机的弹性套管、分流器和导电排等结构零件、耐腐蚀零件等

（8）什么是工程塑料，常用的工程塑料有哪些？工程塑料有什么性能特点，并举例说明其主要用途。

答：工程塑料是指被用做工业零件或外壳材料的工业用塑料。主要有 ABS 树脂、聚碳酸酯、聚酰胺（尼龙）、聚甲醛等。

工程塑料是强度、耐冲击性、耐热性、硬度及抗老化性均优的塑料。主要制品有汽车零部件、电视机壳、塑料齿轮、光学材料、密封垫等。

2．技能训练题

判别下列材料牌号或代号各属于哪一类工程材料，举例说明其用途。

Q235：普通碳素结构钢，用于制造小轴、拉杆、连杆、螺栓、螺母、法兰等不太重要的零件。

45：优质碳素结构钢，用于制造轴、齿轮、套筒等受力较大的机械零件。

L4：工业纯铝，用于制造导电体、电线、电缆，以及耐腐蚀器皿、生活用品和配制铝合金。

QSn4-3：锡青铜，用于制造耐腐蚀零件。

1Cr13：不锈钢，用来制造家用电动洗衣机中的波轮轴、汽轮机叶片、手术刀等在各种腐蚀介质中工作并具有较高腐蚀抗力的零件或结构。

ABS：ABS 树脂，工程塑料的一种，主要用于汽车、电子电器和建材等领域，如汽车仪表板、车身外板、电冰箱、电视机、洗衣机、ABS 管材、ABS 装饰板等。

习题 3

1．思考题

（1）摩擦轮传动是怎样实现运动和动力传递的，它有什么特点？

答：摩擦轮传动是利用两轮直接接触所产生的摩擦力来传递运动和动力的。

与其他传动相比较，摩擦轮传动具有下列特点。

① 结构简单，制造容易，成本低。

② 适用于两轴中心距较小的场合。

③ 可在运转中变速、变向。

④ 过载时能打滑，防止零件损坏，能起到过载保护作用。

⑤ 传动效率低，传递运动不准确。

（2）什么是传动比，带传动中传动比不准的原因是什么？

答：传动比是指主动轮转速与从动轮转速之比。

带传动中传动比不准是因为带传动是依靠传动带与带轮接触面之间的摩擦力来传递运动的，带与带轮之间可能会打滑。

（3）带传动为什么要张紧，如何张紧？

答：传动带因长期受拉力作用，将会产生永久变形而伸长，从而造成张紧力减小，传动能力降低，致使传动带在带轮上打滑。为保持传动带在传动中的能力，可使用张紧装置来调整，常用的方法有使用张紧轮和调整中心距两种。

（4）直齿圆柱齿轮有哪几个基本参数，齿轮传动的优缺点是什么？

答：齿轮有齿数、模数和压力角三个基本参数。

优点是：①结构紧凑，工作可靠，使用寿命长。

②传动比恒定，传递运动准确，效率高，传递运动和动力的范围广。

缺点是：制造安装精度高，不适用于远距离传动。

（5）蜗杆传动有什么特点，两传动轴线的位置关系如何？

答：蜗杆传动与齿轮传动相比，有以下特点。

① 承载能力大。

② 传动比大，而且准确。

③ 传动平稳，无噪声。

④ 具有自锁性作用。

⑤ 传动效率低。

两传动轴线的位置关系：垂直交错。

（6）螺旋传动有什么特点？

答：螺旋传动具有结构简单、工作连续、平稳、承载能力大、传动精度高等优点。其缺点是由于螺纹之间产生较大的相对滑动，因而磨损大，效率低。

（7）为什么运动件间需要润滑，润滑剂有何作用，常用的润滑材料有哪些？

答：运动件间需要润滑的原因是：在各种运动件间，由于摩擦和磨损的存在，造成了机器的磨损、发热和能量损耗，因此在许多设备的设计、制造、使用及维护和保养中，都把减小摩擦作为一项十分重要的任务。

润滑剂的作用是：除降低摩擦、减小磨损、冷却降温、防止腐蚀外，还有密封、清洗、缓震等作用，这大大降低了摩擦阻力，提高了机械效率，延长了设备的使用寿命。

常用的润滑材料有：润滑油、润滑脂和固体润滑剂。

2. 技能训练题

（1）观察洗衣机和打印机上的打印头传动机构分别是采用 V 带传动，还是同步带传动，用 V 带传动代替同步带传动行不行？

答：洗衣机上采用的是 V 带传动，打印机上采用的是同步带传动。不能用 V 带传动代替同步带传动，因为 V 带传动可能打滑，不能保证准确的传动比，而打印机上的打印头传动机构需要非常精确的传动。

（2）有一带传动，已知，传动比 i_{12} 为 3，小带轮直径 D_1 为 50mm，大带轮直径是多少？如果 n_1 为 1450r/min，则大带轮转速 n_2 为多少？

解：因为

$$i_{12} = \frac{n_1}{n_2} = \frac{D_2}{D_1}$$

所以

$$D_2 = i_{12}D_1 = 3 \times 50 = 150 \text{（mm）}$$

$$n_2 = \frac{n_1}{i_{12}} = \frac{1450}{3} = 483.3 \text{（r / min）}$$

（3）观察分析收录机的供、收带机构，哪个是主动轮，哪个是从动轮，如何计算各轮的转速？

（略）

（4）有一齿轮传动，主动轮齿数 z_1 为 20，从动轮齿数 z_2 为 60，试计算传动比 i_{12} 为多少，若主动轮转速 n_1 为 800r/min，则从动轮转速 n_2 为多少？

解：

$$i_{12} = \frac{z_2}{z_1} = \frac{60}{20} = 3$$

因为

$$i_{12} = \frac{n_1}{n_2}$$

所以
$$n_2 = \frac{n_1}{i_{12}} = \frac{800}{3} = 266.7(\text{r}/\text{min})$$

（5）有一只已磨损的废旧齿轮，如何计算出它的模数、齿高、各直径、齿宽等尺寸？

答：① 测量齿轮的齿顶圆直径，数出齿轮的齿数。

② 根据齿顶圆直径计算公式，计算出齿轮的模数，从"渐开线圆柱齿轮模数"表中按就近的原则选用标准模数，优先采用第一系列，其次是第二系列，括号内的模数尽量不用。

③ 根据查表得出的模数和数出的齿数，计算出该齿轮的模数、齿高、各直径、齿宽等尺寸。

（6）观察卷扬机的工作状况，分析采用蜗杆传动机构有什么优点。

答：观察卷扬机的工作状况（略）。

蜗杆传动的优点：

① 承载能力大。

② 传动比大，而且准确。

③ 传动平稳，无噪声。

④ 具有自锁性作用。

习题4

1. 思考题

（1）平面划线要选择几个基准，立体划线应选择几个基准？

答：平面划线要选择两个主要划线基准；立体划线要选择三个主要划线基准。

（2）为什么划线基准与设计基准要尽量一致？

答：选择划线基准时，应根据图纸上的标准、零件的形状及已加工的情况来确定。零件图上总有一个或几个起始尺寸标注线来确定其他点、线、面的位置，这些起始尺寸标注线就是设计基准。选择划线基准时应尽量与设计基准一致。这样可避免相应的尺寸换算，减少加工过程中的基准不重合误差。

（3）錾子的种类有哪些，各用于哪些场合？

答：扁錾（平錾）：錾切平面、去除铸件毛边、分割薄金属板或切断小直径棒料。

尖錾（狭錾）：錾槽或沿曲线分割板料。

油槽錾：錾削润滑油槽。

（4）在厚2.5mm板料上錾切ϕ100mm的圆孔，选用哪种錾子最合适，如何錾切？

答：板料尺寸较大且錾切线有曲线，可放在铁砧（或旧平板）上进行。选用尖錾，錾子的切削刃应磨出适当的圆弧，使前后錾痕连接整齐。

（5）锯条是易耗品，有什么方法可充分利用锯条材料，延长其使用寿命？

答：根据材料的不同，选择锯齿粗细不同的锯条；锯条的安装要正确，调节锯条松紧适宜，保证锯条平面与锯弓中心平面平行；起锯时，厚型工件要用远起锯，薄型工件宜用近起锯；收锯时，用力要小，速度应放慢，对需锯断的工件，还要用左手扶住工件断开部分，以防锯条折断或工件跌落造成事故。

（6）锯削时，为了追求速度，锯削频率很快，你认为这样妥当吗，会产生什么后果？

答：锯削运动的速度一般为每分钟40次左右，锯削硬材料时慢些，锯削软材料时快些。如果锯削运动的速度太快，压力太大，锯条容易被卡住或折断。

（7）为什么锯条要有锯路？

答：锯条在制造时，将全部锯齿按一定的规律左右错开，排列成一定形状，称为锯路。锯路的作用是减少锯缝对锯条的摩擦，使锯条在锯削时不被锯缝夹住或折断。

（8）完成钻孔工作必须具备哪两种运动？

答：孔加工是依靠刀具（钻头、锪钻等）与工件的相对运动来完成的。一面旋转（切削运动），一面沿钻头轴线向下做直线运动（进给运动）。

（9）为什么直径大于6mm的钻头，刃磨时应磨短其横刃？

答：直径大于6mm的钻头，磨短横刃后，可以减小钻头的轴向力，有利于定心，且提高了钻头的切削性能。

（10）常用锪钻有哪几种，各适用于哪种场合？

答：柱形锪钻：用于锪柱形沉孔（螺钉安装孔）或阶台孔。

锥形锪钻：用于锪锥形沉孔（沉头螺钉、铆钉安装孔等）。

端面锪钻：用于锪孔口或孔口凸台端面。

（11）怎样防止攻螺纹时螺纹乱牙？

答：攻螺纹时螺纹乱牙产生的原因：攻螺纹时底孔直径太小，起攻困难，左右摆动，孔口乱牙；换用二、三锥时强行校正，或没旋合好就攻下；圆杆直径太大，起套困难，左右摆动，杆端乱牙。应避免以上现象发生。

（12）分析攻螺纹或套螺纹过程中经常反转一下的目的。

答：攻螺纹时，要经常倒转 $1/4 \sim 1/2$ 圈，使切屑断碎后容易排出，避免切屑阻塞而使丝锥卡住。

（13）弯形后中性层位置是否在材料中间，中性层位置与哪些因素有关？

答：材料弯形后，中性层一般不在材料正中，而是偏向内层材料一边。中性层的实际位置与材料的弯形半径（r）和材料厚度（t）有关。

（14）分析 r/t 的比值越大，弯曲变形越小，中性层越接近材料几何中心的原因。

答：弯曲时，外区的材料变薄，内区的材料变厚，中性层的位置会向内移动。

（15）螺纹连接有哪几种形式，有何特点？

答：螺栓连接：无须在连接件上加工螺纹，连接件不受材料的限制，主要用于连接件不太厚，并能从两边进行装配的场合。

双头螺柱连接：拆卸时只需旋下螺母，螺柱仍留在机体螺纹孔内，故螺纹孔不易损坏。主要用于连接件较厚而又需要经常装拆的场合。

螺钉连接：主要用于连接件较厚或结构上受到限制，不能采用螺栓连接，且不需经常装拆的场合。经常拆装很容易使螺纹孔损坏。

紧定螺钉连接：紧定螺钉的末端顶住其中一连接件的表面或进入该零件上相应的凹坑中，以固定两零件的相对位置，多用于轴与轴上零件的连接，传递不大的力或扭矩。

（16）装拆螺钉、螺母时应注意哪些问题？

答：螺母和螺钉的装拆除了要按一定的拧紧力矩来拧紧以外，还应注意以下几点。

① 螺杆不应产生弯曲变形，螺钉头部、螺母底面应与连接件接触良好。

② 被连接件应均匀受压，互相紧密贴合，连接牢固。

③ 成组螺母或螺钉拧紧时，应根据被连接件形状和螺栓的分布情况，按一定的顺序逐次（一般为 2 ~ 3 次）拧紧螺母。在拧紧长方形布置的成组螺母或螺钉时，应从中间开始，逐渐向两边对称地扩展；在拧紧圆形或方形布置的成组螺母或螺钉时，必须对称地进行（如有定位销，应从靠近定位销的螺栓开始），以防止螺栓受力不一致，甚至变形。

（17）试述管状空心铆钉的铆接过程。

答：铆接步骤：工件贴合后一起钻孔、锪孔口倒角—插入铆钉—用压紧冲头使工件贴合，用锥形样冲把铆钉伸出部分口边撑开，用成型冲子使铆合头成型，完成铆接。

（18）钣金制作的基本操作技术有哪些？

答：钣金制作的基本操作技术有咬缝、卷边、放边、收边、拔缘等。

（19）薄板咬缝有哪几种形式，怎样确定咬缝余量？

答：常见的咬缝形式有站扣和卧扣两类。

要确定咬缝余量，首先必须确定咬缝的宽度，而咬缝宽度与板厚有关。一般来说，板厚在 1.5 mm 以上时，不采用咬缝连接，而采用焊接或铆接等连接方法；板厚为 0.7 ~ 1.5mm 时，咬缝宽度为 8 ~ 12mm；板厚在 0.7mm 以下时，咬缝宽度为 6 ~ 8mm；板越厚，咬缝越宽。

咬缝余量除与咬缝宽度有关外，还取决于咬缝的形状。以咬卧扣为例，一般来说，单咬卧扣的余量应为咬缝宽度的 3 倍，整咬卧扣的余量应为咬缝宽度的 5 倍。咬缝余量在两块板上的分配应是，其中一块板上是 1 或 2 倍咬缝宽度，另一块板上为 2 或 3 倍咬缝宽度，即两块板上的余量均为咬缝宽度的整数倍，且相差 1 倍。

（20）什么是卷边，常见的卷边有哪两种形式？

答：为了提高薄板制件边缘处的刚性和强度，需要把边缘卷曲成一定的形状，这种操作方法称为卷边。

常见的卷边有夹丝卷边和空心卷边两种。

2．技能训练题

（1）根据图 4-123，写出游标卡尺的测量读数。

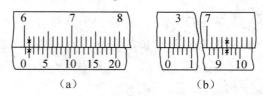

图 4-123　第（1）题图

游标卡尺的测量读数分别为 60.02mm，27.94mm。

（2）根据图 4-124，写出千分尺表示的尺寸。

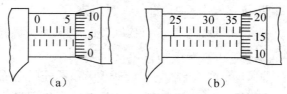

图 4-124　第（2）题图

千分尺表示的尺寸分别为 5.55mm，35.15mm。

（3）用钢尺、游标卡尺、千分尺分别测量同一零件的尺寸，读取读数，并比较测量结果。

（略）

（4）用游标卡尺和千分尺测量已知线径的裸铜线，并比较测量结果。

（略）

（5）用计算法确定下列螺纹加工时的底孔直径或钻孔深度。

① 通孔螺纹：在钢料上攻 M20×1.5；在铸铁上攻 M12。

钢料：$D_底 = D - P = 20 - 1.5 = 18.5$（mm）

铸铁：$D_底 = D - (1.05 \sim 1.1)P = 12 - (1.05 \sim 1.1) \times 1.75 = 10.075 \sim 10.163$（mm）

② 盲孔螺纹：材料 LF11，有效深度 40mm，M16。

$H_深 = h + 0.7D = 40 + 0.7 \times 16 = 51.2$（mm）

（6）用板牙套制 M18 的螺杆，试计算套螺纹前的圆杆直径。

$d_杆 = D - 0.13P = 18 - 0.13 \times 2.5 = 17.675$（mm）

（7）求弯制图 4-125 所示工件的毛坯长度。图中 a=100mm，b=120mm，c=200mm，r=5mm，t=5mm。

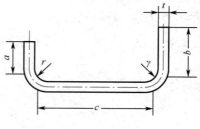

图 4-125　第（7）题图

$l=a+c+b+2a=a+c+b+2\pi(r+x_0t)\alpha/180°$

$\quad=100+120+200+2\times3.14\times(5+0.35\times5)\times90°/180°$

$\quad=441.195$（mm）

（8）用沉头铆钉把板厚分别为 4mm、7mm 的两块板料铆在一起，试确定标准沉头铆钉的直径、长度及通孔直径（粗装配）。

$d=1.8t=1.8\times7=12.6$（mm）

按表 4-15 取整后，取 d 为 14.0mm

按表 4-15 查通孔直径粗装配时，取 15.0mm。

$L=s+(0.8\sim1.2)d=4+7+(0.8\sim1.2)\times14=22.2\sim27.8$（mm）

故选取沉头铆钉直径为 14mm，长度为 22.2～27.8mm 的标准铆钉；通孔直径粗装配时为 15.0mm。

读者意见反馈表

感谢您购买本书。为了能为您提供更多帮助，请将您的意见以下表的方式及时告知我们，以改进我们的服务。对收到反馈意见的读者，我们将免费赠送您需要的样书。

个人资料

姓名_____电话_____E-mail_____微信号_____

学校通信地址_____专业_____

所讲授课程_____课时_____

您希望本书在哪些方面加以改进？（请详细填写，您的意见对我们十分重要）

_____

_____

_____

_____

_____

您还希望得到哪些专业方向图书的出版信息？

_____

您是否有教材或图书出版之类著作计划？ 如有可加微信号咨询：**nmyh1678**

如果您是教师，您学校开设课程的情况

本校是否开设相关专业的课程　□否　　□是

本书可否作为你们的教材　□否　　□是，会用于_____课程教学

谢谢您的配合，请发 E-mail :yhl@phei.com.cn 索取电子版文件填写或者联系如上微信号，任何问题都会帮助您解答。